Vegan 無肉新食尚！
全植物蔬食料理100道

恩槿／著

致熱愛生活的你

我從未想過可以出一本美食書，直至有一天收到出版社的邀稿。雖然我不是專業廚師，但日常卻天天與食物打交道。我喜歡選擇自然種植的植物性食材，設計食譜，烹飪製作並拍攝記錄，然後把它變成滋養身心的一餐，這便是我的日常工作和生活。

也許你會問我，為什麼會選擇全植物飲食這種飲食方式？這純屬是一種個人意願，沒有身體哪裡不舒服等因素，就是認為它很適合。我已經持續多年踐行這種飲食方式，從一開始不知道怎麼吃，到翻看大量相關書籍，再到學習專業課程，精進廚藝，一切都自然而然。我覺得全植物飲食踐行起來也並不是那麼難，從開始的些許不安到坦然接受，再到忠實的踐行者，進而成為一名全植物飲食推廣者，全都源於它給我帶來的滋養。全植物飲食是一種對環境友好、對動物友愛、對身心有益的潮流飲食生活方式。在此過程中，我不但可以好好吃飯，還能和美好的事物及有趣的人相遇。全植物飲食不僅是對身體的滋養，更是對心靈的療癒。

當你讀到這本書的時候，你已經進入了全植物飲食的新世界。書中提供的食譜不含奶、蛋、肉及蜂蜜，所有的料理都是由新鮮蔬菜、水果、豆類、穀物、堅果、種子組成的，每一道都是新鮮和健康的，能給人帶來身心的愉悅。全植物飲食的原則是儘量多樣化攝取，保證營養全面。書中食譜所用食材豐富多樣，雖然準備起來有點複雜，但採用了比較簡單的烹飪手法來凸顯食材的自然風味。我比較推薦用時令且色彩繽紛的蔬果去製作創意植物料理，大家可以盡情根據本地的時令食材自由搭配，變化出各種不同的組合，這也是料理的另一種樂趣吧。至於食材的準備方面，書中介紹了如何建立食材庫和食材收納方法，大部分需要儲備的食材都是經常會用到的，有興趣踐行自然會摸索出適合自己的方法。

本書內容是以四季劃分章節的。大自然孕育萬物，而春夏秋冬四季更替中的食材最為奇妙，不同季節生長出不同的作物，成為盤中餐，滋養著身心。我一直追隨著四季的律動，搜尋食材的線索，設計創作全植物料理，在四季食物裡尋找到我的「詩與遠方」。看似與蔬果打交道是很簡單的事，實則有如開啟與自然萬物的連接，這讓我身體輕盈、心境平和。

四季流轉，日復一日，年復一年，透過踐行全植物飲食，我享受著平靜和滿足。願看到這本書的你，也可以感知到這份平靜。你真不必為此突然改變多年來的飲食習慣，能偶爾拿起書，給家人和朋友來烹飪一道植物料理，或許在偶然之間，能讓你的身心感受到輕盈和放鬆。世間的飲食生活方式多種多樣，我尊重每個人的選擇，全植物飲食只是其中的選項之一，如被你選中，是幸事，相信你也會從中受益並感受到它的美好。但願本書在你隨手翻閱的時候，能夠增添一絲你對全植物料理的靈感。

恩　槿

目錄

開始享受「果蔬盛宴」吧

秋

食事

秋之蔬

冬

食事

冬之蔬

飲食新風潮—— 全植物飲食介紹

什麼是全植物飲食？

全植物飲食只選擇新鮮蔬菜、水果、豆類、穀物、堅果、種子，不食用肉、魚、奶、蛋和蜂蜜，是一種對環境友好、對人身心健康有益、對動物友愛的潮流飲食生活方式。植物食材吸取大自然的能量，具有強大的生命力，豐富的營養成分存在於各類植物的根、莖、葉、果實、種子當中，只要科學、多樣化搭配，並儘量採用適度、少加工的烹飪方式，便足夠滿足人體日常所需。

為什麼要選擇全植物飲食？

這種飲食生活方式能夠令人身心清爽暢快，無不適感產生，既能平衡營養，對動物和環境友好，又無須刻意勉強自己即可做到。

會不會營養不足？

全植物飲食遵循多樣化攝取和科學搭配的原則，目前已經有專業書籍和科學研究資料表明，全植物飲食不會導致營養不良。不過需要經過系統學習，了解基本營養學知識、植物食材知識、植物性飲食搭配原則和烹飪技巧，並做好食材庫儲備，即可循序漸進地實踐。千萬不要盲目嘗試，以免引起身體不適。

如何做到多樣化攝取？

多樣化攝取就是每日要有水果、蔬菜、豆類、堅果、種子和全穀類（如燕麥、糙米、藜麥等）這些食物的攝入。儘量每天選擇多種顏色的蔬菜，堅持每天一小把堅果等，還要額外補充維生素B_{12}、維生素D，另外輔之以適度的運動，步行、日光浴等均是較好的選擇。

全植物飲食與家人的飲食習慣如何融合？

受我影響，目前家人屬於彈性素食，一週有3～5次進行全植物飲食。日常可以多做幾種菜式，一開始可能會覺得有些麻煩，但慢慢會摸索出適合各自的方法。最重要的一點是要尊重家人的飲食習慣，才能做到互相體諒和理解，一家人能每日在一起吃飯，就是美好和幸福。

建立天然植物食材庫

全植物飲食遵循多樣化的攝取原則，來保證每日身體所需營養。如果你要試做本書中的全植物料理，第一步就是要先建立植物食材庫。要有一些耐心，慢慢儲備。

如何建立天然植物食材庫

- 儘量遵循「選擇自然農法種植或有機食材」的選購原則。
- 新鮮食材儘量在本地購買，按當季時令選擇。
- 需長期儲備的主要是乾性食材，可儲備一個季度或半年的量。
- 建立乾性食材空間，準備密封罐及日期貼。食材購買後，用密封罐裝好並註明保質期，存放入專用食材櫃，並養成定期整理食材的習慣。
- 建立新鮮香料小花園，比如在陽臺種植羅勒、迷迭香、薄荷、食用花卉等，不需要太大的地方。
- 香辛調味料可以增添全植物料理的口感和風味，可以盡可能多樣地儲備。
- 植物油可儲備多種類型的小瓶裝，不僅能夠豐富料理的滋味，還可以攝取多樣的營養。

食材庫常備清單

- 豆類：鷹嘴豆、小扁豆、紅腰豆、豌豆、黃豆、黑豆、芸豆等。
- 豆製品：納豆、天貝、豆皮、豆筍等。
- 堅果：核桃、腰果、杏仁、松子、葵花子等。
- 種子：奇亞籽、亞麻籽、南瓜子、脫殼火麻仁、藜麥、芝麻等。
- 穀物：糙米、燕麥、小米、蕎麥、紫米等。
- 麵條和麵粉：全麥義大利麵、全麥麵粉、蕎麥麵、鷹嘴豆粉等。
- 乾菇：香菇、猴頭菇、茶樹菇、牛肝菌、羊肚菌等。

- 海藻：昆布、海苔、羊棲菜、海帶、紫菜等。
- 植物油：葡萄籽油、酪梨油、亞麻籽油、橄欖油、椰子油、火麻仁油、芥花油、核桃油等。
- 調料：大蒜粉、孜然粉、肉桂粉、辣椒粉、薑黃粉、咖哩粉、營養酵母粉、黑胡椒粉、昆布粉、古法醬油、白醋、巴薩米克醋、昆布醬油等。
- 天然醬料：有機花生醬、有機芝麻醬、味噌、紅咖哩醬等。
- 天然甜味劑：椰棗、楓糖漿、龍舌蘭糖漿、椰子花蜜糖等。
- 乾香草料：巴西利、羅勒、百里香、迷迭香、薄荷、薑黃、肉桂、香茅、丁香、孜然、花椒等。

地球上可食用的植物食材豐富多樣，以上食材清單中是常備食材，與一年四季時令新鮮蔬果搭配，可變幻出各種各樣的植物料理。趕緊把食材庫建立起來，將美味的四季蔬食擺上餐桌吧。

日常儲存收納食材的方法

前面提到，建立食材庫是製作好全植物料理的第一步。儲存好這些食材，也是愛護大自然餽贈給我們的禮物。

日常儲存食材，首先要了解食材特性。了解的途徑有很多，比如請教種菜的農夫，或買一些關於食材介紹的書籍，打好理論基礎，更有助於保存並製作它們。其次，建立屬於自家食材的收納體系。收納的最佳的方式是做好廚房食材筆記，規劃好食材收納區域。透過一段時間的摸索後，你必定能找到最佳收納方法。最後，利用一些收納利器，事半功倍。比如可反覆利用的密封袋、醃漬蔬菜的密封罐子、密封盒、標籤貼等。

新鮮蔬菜的儲存收納

夏天，綠葉蔬菜一定要放進冰箱。注意用廚房紙或者其他紙將蔬菜包起來，在紙上噴點水增加濕度，再冷藏。

常溫存放的蔬菜有根莖類的洋蔥、紅薯、馬鈴薯、蘿蔔、甜菜根、蒜等，將它們放入透氣的容器中，放至通風、透氣的陰涼處。

乾性食材的儲存收納

乾性食材一次儲備不要超過半年的量，用密封的玻璃罐子裝起來，貼好標籤貼，記錄購買日期和保質期，放在通風、透氣的陰涼處即可。

快速製作全植碗

本書中分享了許多全植碗食譜，全植碗的全稱為全植物料理碗，遵循多樣化攝取的原則，它包含多種食材：五穀、蔬菜、堅果、種子、水果、發酵菜等。將豐富多樣的食物呈裝在一個食器中，營養全面、色彩宜人，食用起來令人賞心悅目，能增添用餐的樂趣。

全植碗搭配法則

綜合考慮營養及個性化，可將一餐食物分成四等分搭配。將一個圓形的盤或碗分成四等分：搭配1/4碳水化合物（以穀物雜糧為主）、1/4蛋白質（以豆類、豆腐、天貝、種子為主）、1/4當地時令蔬菜和1/4當季水果。發酵菜也會經常出現在全植碗中。

建議每日選擇的食材有所變化，並可根據蔬果的不同顏色來搭配，還可搭配植物奶或蔬果昔來提供全面的營養。

全植碗製作小訣竅

主食

五穀粗糧比精白米營養密度更高，在全植碗中，主食一般是以糙米、藜麥、三色米等穀類和種子類食材為主。如果每天很忙，沒有時間煮飯，可以一次煮一週的量，用密封盒分裝後冷凍保存，吃前加熱解凍。並且可以多煮幾種穀類食材，分開保存，用餐前把幾種穀物搭配起來，多樣化的主食就完成了。

豆類

豆類食材要浸泡和煮軟，花費的時間比較多。建議每週固定時間來處理豆子，煮好一週的量，分餐分裝，密封保存並標好日期。烹飪前解凍，如果不加調料，可以和主食一起加熱。

蔬果

用於烤菜或者炒飯的蔬菜可根據使用量來分裝保存，一袋是一餐的量。烹飪前拿一袋即可。

用於製作蔬果昔的食材可根據一餐一杯的量來分裝儲存，食材不能反覆冷凍，會損失口感和營養。食用前拿一餐的量來製作即可。

植物奶食材

做植物奶的生堅果和豆類都需要提前浸泡，所以不妨一次浸泡一週的量，用一餐一杯的量來分裝儲存。每次製作前無須浸泡，加入其他食材放入破壁調理機中。

新鮮香料

常用新鮮調味料，像蒜、辣椒、蔥、薑等，先切碎，放入製冰盒，冷凍成小塊，再用收納袋裝起來，使用時也很方便。

乾菇、海藻

這些食材需要泡發，可以泡軟並煮熟後放入合適的容器分裝冷凍起來。

發酵菜

可以將做好的發酵菜分裝在小食盒裡，每次取一餐的量使用。

醬汁

可以提前製作出一週或半個月的量，分裝放入冰箱冷凍即可。

自製全植物飲食基本食材

前面介紹了全植碗快速製作的小訣竅，對於堅定的全植物飲食踐行者來說，這是享受全面營養和美味的前提，而且慢慢會成為一種習慣。接下來分享一些自製基本食材，這會讓你烹飪全植物料理時更加事半功倍。

全植高湯

高湯可增加全植物料理的口感層次，是提鮮的祕訣之一。常用的食材有菇類、海藻和蔬菜等。

菌菇高湯

食材

• 新鮮菇類…50g　• 乾香菇…10g
• 水…1000㎖

作法

將新鮮菇類洗淨，乾香菇提前浸泡一晚，以中火熬煮20分鐘左右，濾去菇類，留下湯汁。

小知識

如氣溫較高，可放入冰箱冷藏浸泡。

海帶高湯

食材

• 乾海帶…15g　• 水1000…㎖

作法

將乾海帶洗淨，放入清水中浸泡一晚，以中火熬煮20分鐘左右，濾去海帶，留下湯汁。。

蔬菜高湯

食材

• 小番茄片…20g　• 胡蘿蔔片…20g
• 洋蔥片…20g　• 薑…1片　• 水…1000㎖

作法

將蔬菜放入水中，以中火熬煮20分鐘左右，濾去蔬菜渣，留下湯汁。

常備醬料

基礎油醋汁

食材

- 橄欖油…30㎖
- 巴薩米克醋…5㎖
- 楓糖漿…15㎖
- 黑胡椒…少許

作法

將所有食材放入小碗中，攪拌均勻即可。

全植沙拉醬

食材

- 椰奶…50㎖
- 橄欖油…15㎖
- 蘋果醋…5㎖
- 芥末籽醬…5g
- 楓糖漿…15㎖
- 鹽…1g

作法

將所有食材倒入攪拌碗中，用電動打蛋器攪打至乳化均勻即可。

全植豆腐沙拉醬

食材

- 老豆腐…100g
- 植物油…15㎖
- 醋…5㎖
- 芥末籽醬…5g
- 楓糖漿…15㎖

作法

將所有食材用料理機或料理棒攪拌均勻。

小知識

豆腐儘量買水分較少的板豆腐或老豆腐。可以冷藏保存3天。

全植乳酪

食材

・生腰果…50g　・植物奶…30mℓ
・檸檬汁…5mℓ　・蒜…10g
・營養酵母粉…5g　・鹽…1g　・胡椒…少許

作法

將生腰果用熱水浸泡30分鐘，瀝乾後與其他食材一起放入料理機，打成黏稠狀，放入密封玻璃罐冷藏。

小知識

腰果浸泡後口感更軟。提前一天浸泡更好，如果氣溫較高，要放入冰箱冷藏。如果做得比較多，可分裝後冷凍保存。

全植白醬

食材

・鷹嘴豆…50g　・洋菇…20g
・植物奶…60mℓ　・營養酵母粉…5g
・橄欖油…15mℓ

作法

1. 將鷹嘴豆提前1小時用沸水浸泡，洗淨後用高壓鍋煮熟。洋菇洗淨、煮熟。
2. 平底鍋放橄欖油，加入洋菇、鷹嘴豆和植物奶，邊加熱邊攪拌，直至液體微微冒泡。
3. 將所有食材用料理機打成醬。

小知識

鷹嘴豆也可以用生腰果代替。

全植紅醬

食材

・番茄…200g　・大紅辣椒 …100g　・紫洋蔥…50g
・羅勒…10g　・營養酵母粉…5g　・橄欖油…15mℓ　・鹽…1g

作法

1. 番茄、大紅辣椒、紫洋蔥洗淨後切丁。

2. 平底鍋中放橄欖油，把切好的番茄、大紅辣椒、紫洋蔥炒熟。

3. 加入羅勒、營養酵母粉、鹽，用料理機打成醬。

小知識

可以加辣椒粉，增加辣味。

全植青醬

食材

・羽衣甘藍…50g　・羅勒…10g　・營養酵母粉…5g
・植物奶…30mℓ　・鹽…1g　・橄欖油…15mℓ　・松子…5g

作法

羽衣甘藍洗淨後瀝乾，松子用烤箱烤熟。將所有食材用料理棒打成醬。

小知識

羽衣甘藍可以換成毛豆、茼蒿等綠色蔬菜。

全植乳酪粉

食材

・生腰果…50g　・營養酵母粉…5g　・鹽…1g

作法

1. 將生腰果放入平底鍋，用中小火烤5～10分鐘，烤出香味。

2. 將烤熟的腰果與營養酵母粉、鹽放入料理機裡打成粉末，用可密封玻璃罐儲存。冷藏可保存1個月。

發酵菜

食材

•黃瓜、紫甘藍、小蘿蔔…各100g　•鹽…6g
•花椒…9粒　•蒜…3瓣　•椰子花蜜糖…3g

作法

1. 黃瓜洗淨後切段，紫甘藍撕成片，小蘿蔔切成片。分別加少許鹽，戴手套揉搓，讓蔬菜軟化，再加鹽、花椒、蒜、椰子花蜜糖，蓋上棉布靜置1小時。
2. 將醃漬好的蔬菜分別裝入玻璃罐，加入醃漬出的汁液，注意只裝八分滿，以免發酵期汁液溢出。
3. 密封好，可以加一層紗布再蓋蓋子，保證密封效果。放陰涼處發酵約7天，也可以根據口感延長發酵時間。

小知識

1. 玻璃罐事先放入蒸鍋中消毒，保證所有工具都是乾淨的。
2. 裝瓶後第一天觀察一下，保證蔬菜全部浸泡在汁液中。
3. 發酵24小時後可以將紗布拿掉，釋放出一些氣體。
4. 四季的蔬果都可放入泡菜罐子製作發酵菜。

椰子油煎天貝

食材

•天貝…50g　•椰子油…15mℓ　•古法醬油…15mℓ

作法

1. 天貝切片，加入古法醬油，放小碗中醃漬15分鐘。
2. 平底鍋刷一層椰子油，放入天貝，中火加熱10分鐘，煎至兩面焦脆。

小知識

1. 天貝的原料為黃豆、鷹嘴豆、紅豆、黑豆等，加入益生菌後自然發酵而成，富含蛋白質和鈣。發酵成熟的天貝更容易被人體消化吸收，是踐行全植物飲食時保證蛋白質供給的常備食材。
2. 直接吃、夾入三明治、搭配沙拉和任何主食都可以。

春

食　事

春日裡赴一場
櫻花樹下之約
做了簡單的食物
全植飯糰和蔬果杯
空氣中有花草的香氣
和輕柔的風
盡是春日的氣息
和大自然的味道

全植飯糰

草莓醬飯糰

食材

- 草莓…5顆
- 椰子花蜜糖…10g
- 三色糙米…50g
- 白芝麻…10g
- 海苔片…適量
- 櫻花…適量

作法

1. 草莓切丁，加入椰子花蜜糖，放入小湯鍋中醃漬半天。
2. 用小火熬煮，不斷攪拌，以免黏住鍋底，待果醬黏稠後再煮5分鐘即可。放涼。
3. 將三色糙米用電鍋煮熟，與草莓醬、白芝麻攪拌均勻，捏成圓形飯糰。
4. 用海苔片把飯糰包起來，用櫻花點綴。

天貝飯糰

食材

- 天貝…50g
- 三色糙米…50g
- 楓糖漿…15mℓ
- 醋…15mℓ
- 海鹽…5g
- 海苔片…適量

作法

1. 天貝切小粒，用椰子油中火煎至焦脆。
2. 將三色糙米放入電鍋煮熟。
3. 將天貝粒放入煮好的糙米飯中，加入楓糖漿、醋、海鹽，攪拌均勻。
4. 捏成圓形飯糰，用海苔片把飯糰包起來。

原味飯糰

食材

- 三色糙米…50g
- 拌飯海苔…10g
- 古法黑豆豉醬油…15mℓ
- 香油…10mℓ
- 海苔片…適量

作法

1. 將三色糙米放入電鍋中煮熟。
2. 在三色糙米飯中加入拌飯海苔、黑豆豉醬油和香油，攪拌均勻。
3. 捏成圓形飯糰，用海苔片包起來。

小知識

1. 粗糧飯的黏性不夠，一定要浸泡後再煮，最好用高壓鍋。
2. 捏飯糰的小訣竅：在掌心先鋪上一小塊保鮮膜，放上食材，裹上保鮮膜，把飯糰揉搓成圓形。

血橙蔬果杯

食材

- 血橙…2個
- 鷹嘴豆…20g
- 羽衣甘藍…20g
- 綠葡萄…2顆
- 基礎油醋汁（見P18）…10mℓ

作法

1. 血橙去皮，切2個圓片，其餘血橙切成塊。
2. 鷹嘴豆浸泡後煮熟。羽衣甘藍和綠葡萄洗淨後瀝乾。
3. 將所有食材裝入玻璃瓶中，倒入基礎油醋汁。放冰箱冷藏後更好吃。

春之蔬

醃小竹筍

食材

- 小竹筍…100g
- 水…200mℓ
- 白醋…30mℓ
- 楓糖漿…30mℓ
- 鹽…1g
- 花椒…1g
- 迷迭香…1g

作法

1. 小竹筍去殼，留下最嫩的部分，洗淨。
2. 將小竹筍放入開水中汆燙15～20分鐘，撈出來過一遍涼水，瀝乾。
3. 在鍋中放水、白醋、楓糖漿、鹽，煮開、調勻。
4. 把小竹筍、花椒、迷迭香放入玻璃罐中，倒入煮好的醃菜汁，蓋上蓋子，放入冰箱，兩三天後即可食用。

小知識

香料的選擇多種多樣，花椒和迷迭香可替換成其他喜歡的香料。

春日去爬山
帶著一些小期待
小野筍開始俏皮地探出頭來
這是山野裡最純粹、最自然的美味

春花血橙沙拉

食材

A

- 植物奶…180㎖
- 檸檬汁…5㎖
- 楓糖漿…15㎖
- 堅果…75g
- 檸檬皮…1個的量
- 鹽、胡椒…各少許

B

- 血橙…1個
- 三色糙米飯…20g
- 三色堇…4～5朵
- 酪梨…1/4個
- 羽衣甘藍…30g
- 熟鷹嘴豆…10g
- 奇亞籽…少許

作法

1. 將食材A放入料理機中攪打均勻，製成堅果沙拉醬。
2. 將食材B中的血橙去皮、切圓片；羽衣甘藍洗淨後濾水，撕成小片，輕輕揉捏，使之更柔軟。酪梨切片。與熟鷹嘴豆、三色糙米飯一起擺盤。
3. 撒奇亞籽，淋上堅果沙拉醬。用三色堇裝飾。

春日陽光可人
花兒競相開放
以花入菜的蔬食美學
增添美感與味覺層次

小馬鈴薯藜麥沙拉

食材

- 小馬鈴薯…150g
- 植物油…15㎖
- 新鮮蠶豆…20g
- 三色藜麥…5g
- 薄荷葉…5g
- 基礎油醋汁（見P18）…30㎖

作法

1. 小馬鈴薯洗淨，切小塊，刷上一層油，放入烤箱，180℃烤15分鐘。
2. 新鮮蠶豆洗淨後放入沸水中煮10～15分鐘。
3. 三色藜麥洗淨後放入電鍋煮熟。
4. 薄荷葉洗淨，瀝乾。
5. 把所有處理好的食材擺盤，淋上基礎油醋汁。

芝麻菜豆子沙拉

食材

- 芝麻菜…30g
- 酪梨…1/2個
- 紅芸豆…10g
- 白芸豆…10g
- 南瓜子…5g
- 全麥吐司…1片
- 脫殼火麻仁…少許
- 基礎油醋汁（見P18）…30mℓ

作法

1. 芝麻菜洗淨，瀝乾水分；酪梨切片。
2. 紅芸豆和白芸豆洗淨，放入電鍋中煮熟。
3. 全麥吐司放入烤箱略烤幾分鐘，切成塊。
4. 將所有食材組合擺盤，淋上基礎油醋汁。

涼拌蘆筍

食材

A

- 蘆筍…150g
- 糙米醋…10mℓ
- 核桃油…10mℓ
- 海鹽…1g
- 鹽…1小匙

B

- 天貝…50g
- 鮮豌豆…20g
- 羽衣甘藍…10g
- 血橙…1片
- 植物油…10mℓ
- 古法醬油…10mℓ

作法

1. 將食材A中的蘆筍洗淨，去掉根部。沸水中加1小匙鹽，放入蘆筍汆燙1分鐘。
2. 撈出蘆筍，放入冷水中浸1分鐘，撈出後放入盤中。
3. 在小碗裡混合糙米醋、核桃油和海鹽，淋在蘆筍上。
4. 將食材B中的羽衣甘藍洗淨後瀝乾，揉搓一下會更柔軟。
5. 天貝切成粒，鮮豌豆洗淨。平底鍋中放油，放入天貝粒和鮮豌豆炒熟，加古法醬油。
6. 把處理好的所有食材B與蘆筍組合。

小知識

涼拌蘆筍足夠好吃，為何要增加其他組合食材？天貝和鮮豌豆可增加植物蛋白，羽衣甘藍還可以補充鈣質。植物飲食儘量多樣化，營養更全面。

去野外
尋覓人間至鮮的食材
第一次看到長在地裡的蘆筍
小尖芽俏皮地冒出地面
最是可愛
春季是蘆筍最鮮嫩、最好吃的時節
正當食

蘆筍活力沙拉

食材

A

- 十穀米…10g
- 蘆筍…40g
- 草莓…1顆
- 苦苣（苦菊）…10g
- 奇亞籽…少許
- 桑葚…5～6顆
- 小紅蘿蔔…10g

B

- 橄欖油…15ml
- 百香果…1個
- 楓糖漿…15ml
- 黑胡椒…少許

作法

1. 將食材A中的十穀米提前1小時浸泡，泡好後放入電鍋中煮熟。
2. 蘆筍選最嫩的部分，切一樣長短的段，汆燙熟。
3. 草莓、苦苣、桑葚洗淨後瀝乾。小紅蘿蔔洗淨後切成薄片。將上述食材組合裝盤。
4. 將食材B拌勻，調成醬汁淋在沙拉上，撒奇亞籽。

炸春菜

食材

A

- 蕨菜（過貓菜）…30g
- 薺菜…30g
- 牡丹花…30g
- 蘆筍…30g
- 全麥麵粉…50g
- 水…100mℓ
- 鹽、孜然粉…各1g
- 植物油…200mℓ

B

- 香菜…30g
- 蒜…1瓣
- 鹽…1g
- 水…15mℓ
- 檸檬汁…5mℓ
- 橄欖油…5mℓ

C

- 全植豆腐沙拉醬（見P18）…30g

作法

1. 將食材A中的全麥麵粉、水、鹽、孜然粉混合成黏稠的麵糊。
2. 蕨菜、薺菜、蘆筍、牡丹花洗淨，瀝乾，裹上麵糊。鍋中放植物油燒熱，放入蔬菜小火油炸。
3. 將食材B放進攪拌機打成醬汁。
4. 炸蔬菜擺盤，搭配醬汁和全植豆腐沙拉醬。

枸杞葉蠶豆泥佐麵包條

食材

- 枸杞葉…30g
- 新鮮蠶豆…200g
- 鹽…1g
- 橄欖油…50mℓ
- 藍莓…6～7顆
- 純素全麥吐司…1片

作法

1. 將新鮮蠶豆剪開，放入水中，小火煮10～15分鐘，煮熟後去皮。
2. 枸杞葉洗淨，放入沸水中汆燙熟，1分鐘即可。
3. 將新鮮蠶豆、枸杞葉、鹽和橄欖油放入料理機中打成泥。
4. 純素全麥吐司切成長條，放烤箱或用平底鍋烤乾。
5. 藍莓洗淨，瀝乾。
6. 將所有食材裝盤。

清明踏青
去鄉間採野生枸杞葉
春蠶豆也進入收穫的巔峰期
做好吃的蠶豆泥
抓住春天的尾巴
嘗新鮮美味

春菜餃子

香椿豆腐餡餃子

食材

- 餃子皮…10張
- 新鮮香椿…40g
- 老豆腐…1/4塊
- 香油…10㎖
- 有機醬油…10㎖
- 昆布粉…1g
- 鹽…1g

蘆蒿香菇豆腐餡餃子

食材

- 餃子皮…15張
- 新鮮蘆蒿…50g
- 鮮香菇…3朵
- 老豆腐…1/4塊
- 核桃油…10㎖
- 有機醬油…10㎖
- 昆布粉…1g
- 鹽…1g

油菜杏仁餡餃子

食材

- 餃子皮…15張
- 新鮮油菜…50g
- 杏仁粉…15g
- 火麻仁油…1/4塊
- 有機醬油…10㎖
- 昆布粉…1g
- 鹽…1g

作法

1. 製作香椿豆腐餡餃子。香椿洗淨，瀝乾後切碎；老豆腐用紗布瀝乾後用湯匙壓碎，將香椿、老豆腐和其他調味料攪拌均勻。用餃子皮包成元寶形。
2. 製作蘆蒿香菇豆腐餡餃子。蘆蒿洗淨後切碎，鮮香菇切碎後炒熟，老豆腐用紗布瀝乾後用湯匙壓碎，將上述食材與其他調味料攪拌均勻。用餃子皮包成元寶形。
3. 製作油菜杏仁餡餃子。油菜去梗，留葉子和花，洗淨後切碎。杏仁粉可買成品，也可以用乾果自己磨成粉。將上述食材與其他調味料攪拌均勻。用餃子皮包成元寶形。
4. 餃子包好後下鍋煮熟，加入喜歡的醬料調味。

烤春捲配生菜葡萄乾油醋汁沙拉

食材（12個）

A

- 豆皮…50g
- 香菇…2個
- 黃豆芽…50g
- 鮮豌豆…20g
- 泡發黑木耳…50g
- 水芹…20g
- 植物油…15mℓ
- 鹽…1g
- 古法醬油…5mℓ
- 春捲皮…12張

B

- 美生菜…50g
- 葡萄乾…10g
- 基礎油醋汁（見P18）…15mℓ

C

- 酪梨…100g
- 李子…2顆
- 核桃仁…2個
- 脫殼火麻仁…少許
- 奇亞籽…少許

作法

1. 用食材A製作春捲餡。將豆皮、香菇、黃豆芽、鮮豌豆、泡發黑木耳、水芹洗淨後切碎。
2. 炒鍋中放植物油，將切碎的蔬菜放入鍋中，加鹽和古法醬油，把春捲餡炒熟。
3. 用春捲皮將春捲餡捲起來，放入烤盤，在表面刷層油。放入烤箱，以上下火200℃烤15～20分鐘。
4. 用食材B製作生菜葡萄乾油醋汁沙拉。美生菜（結球萵苣）撕成塊，加入葡萄乾和基礎油醋汁。
5. 酪梨切成片，李子洗淨。
6. 將春捲對半切開，與其他食材組合裝盤。

小知識

春捲的烤製時間視各自烤箱情況而定。如果沒有烤箱，可以用平底鍋來煎春捲。

菠菜全植鬆餅

食材

- 新鮮菠菜…100g
- 椰奶…200mℓ
- 低筋麵粉…100g
- 泡打粉…1g
- 香草液…1mℓ
- 甜菜糖…10g
- 蘆筍…100g
- 油桃…30g
- 植物油…適量
- 海鹽…1g
- 全植豆腐沙拉醬（見P18）…30g

作法

1. 菠菜摘取葉子部分，洗淨後用沙拉甩乾器將多餘水去除。
2. 將菠菜葉、椰奶放入料理機打成菠菜汁。
3. 將低筋麵粉、泡打粉、香草液、甜菜糖放入碗中混合，攪拌均勻。加入菠菜汁，攪拌成糊。
4. 平底鍋刷一層油，用小火將麵糊煎成大小一致的圓形鬆餅。
5. 蘆筍洗淨，切成10cm長的段。油桃切塊。
6. 平底鍋中放油，將蘆筍和油桃煎熟，蘆筍部分撒些海鹽，也可以不放。
7. 把食材組合裝盤，搭配全植豆腐沙拉醬。

小知識

1. 儘量挑選嫩的、天然種植的有機菠菜。
2. 想要鬆餅更綠，可以多加一些菠菜葉，椰奶也需要同比例增加一些。
3. 鬆餅要想煎成同樣大小，可以用不銹鋼湯勺盛出麵糊後入鍋，固定麵糊的量。
4. 食材可以替換成自己喜歡的水果和蔬菜。

香椿全麥薄餅

食材

A

- 香椿…50g
- 全麥麵粉…100g
- 白芝麻…5g
- 蘆筍…10g
- 植物油…15㎖
- 楓糖漿…15㎖
- 水…150㎖

B

- 花生醬…5g
- 全植乳酪（見P19）…15g

作法

1. 香椿用沸水汆燙一下，濾水後切碎備用。
2. 大碗中倒入全麥麵粉、香椿、白芝麻，楓糖漿和水，拌勻成麵糊。
3. 平底鍋刷少許植物油，用小湯匙盛出麵糊放入鍋中，煎成大小均勻的小圓餅，注意全程都是小火。將小圓餅疊起來。
4. 把蘆筍放入平底鍋，用小火煎熟後放在小圓餅上。
5. 將食材B攪拌均勻，淋在餅上即可。

槐花全麥餅

食材

- 全麥麵粉…100g
- 楓糖漿…10mℓ
- 椰奶…120mℓ
- 橄欖油…30mℓ
- 新鮮槐花…20g
- 鹽…少許
- 香草液…1滴

作法

1. 在大碗裡加入全麥麵粉、鹽和楓糖漿，稍微攪拌後加入椰奶、香草液。
2. 槐花用清水浸泡一下，加入到麵糊中。
3. 不沾鍋放油加熱，用湯勺盛出麵糊，放入鍋中，煎出大小差不多的餅。

小知識

可食用的花卉有很多，如茉莉、玫瑰、櫻花和三色堇等，可代替槐花。

蠶豆松茸義大利麵

食材

A

- 新鮮蠶豆…30g
- 羽衣甘藍…30g
- 羅勒…10g
- 營養酵母粉…5g
- 鹽…1g
- 橄欖油…15mℓ

B

- 新鮮蠶豆…5g
- 松茸…1朵
- 植物油…10mℓ
- 松子…5g
- 全麥義大利麵…50g

作法

1. 羽衣甘藍洗淨，瀝乾；新鮮蠶豆煮熟、去皮。把食材A的所有材料放入料理機中打成全植蠶豆醬汁。
2. 食材B中的新鮮蠶豆煮熟、去皮；松茸洗淨，切成薄片，在平底鍋中放油，將松茸煎熟。
3. 在沸水中加入全麥義大利麵煮熟，約10分鐘。平底鍋中加入少許油，加松子爆香，加入義大利麵和全植蠶豆醬汁，如果太乾可以加點素高湯或清水，攪拌均勻。
4. 將所有食材裝盤即可。

春筍蔥油蕎麥麵

食材

- 春筍…50g
- 鷹嘴豆…10g
- 海苔…5g
- 椰子油…15mℓ
- 古法醬油…10mℓ
- 芝麻…少許
- 羽衣甘藍…少許
- 蕎麥麵…20g
- 蔥油…5mℓ
- 糙米醋…5mℓ
- 鹽…1g

作法

1. 春筍去殼、切片，用熱水汆燙一下，去除澀味。將汆燙好的春筍放入平底鍋中，用椰子油煎至兩面焦黃。
2. 鷹嘴豆提前4小時浸泡，放入電鍋中煮熟，然後放入烤盤中烤至焦脆。
3. 將蕎麥麵放入沸水中煮8～10分鐘，將蔥油、糙米醋、鹽拌勻，拌入煮好的蕎麥麵中。
4. 將蕎麥麵裝盤，放入其他所有食材即可。

水芹菜羊肚菌湯麵

食材

- 糙米麵…70g
- 菌菇高湯（見P17）…300mℓ
- 蒜…1瓣
- 薑…1片
- 有機醬油…10mℓ
- 水芹菜…50g
- 醬香豆干…100g
- 葡萄籽油…10mℓ
- 羊肚菌…1個
- 海苔絲…5g

作法

1. 將糙米麵放入沸水中煮熟備用。菌菇高湯燒開，加入羊肚菌、蒜、薑、有機醬油。
2. 將水芹菜切成小段，放入沸水中汆燙1分鐘。
3. 平底鍋中倒入葡萄籽油，加入切成絲的醬香豆干，翻炒熟。
4. 將煮熟的糙米麵裝盤並放入配菜，倒入高湯。

豌豆苗菜煮鮮米粉

食材

- 鮮米粉…50g
- 豌豆苗菜…50g
- 豆腐塊…50g
- 蔬菜高湯（見P17）…250mℓ
- 味噌…適量
- 陳年烏醋…5mℓ
- 芝麻醬…5g
- 鹽…少許
- 辣椒油…少許
- 芝麻…適量
- 核桃仁…少許

作法

1. 豌豆苗菜汆燙熟，鮮米粉放入沸水中煮熟。
2. 蔬菜高湯煮沸後加入味噌、鹽和芝麻醬，再次沸騰後加入豆腐塊稍煮。
3. 把米粉和豌豆苗菜加入湯汁中。
4. 根據個人口味搭配陳年烏醋、辣椒油、芝麻和核桃仁。

《詩經》中記載：採薇採薇，薇亦作止……
薇，即野豌豆苗菜
古人餐桌上的美味
將鮮嫩的野豌豆苗菜採回家
品嘗春日時節的滋味

鮮豌豆散壽司飯

食材

- 鮮豌豆…30g
- 羊棲菜…3g
- 新鮮猴頭菇…1個
- 椰子油…10mℓ
- 三色糙米…25g
- 壽司醋…10mℓ
- 核桃油…10mℓ
- 古法醬油…5mℓ
- 芹菜葉…少許
- 鹽…少許

作法

1. 鮮豌豆放入沸水中汆燙熟。
2. 平底鍋刷層椰子油，將猴頭菇切片後煎熟。羊棲菜加有機醬油炒熟。
3. 三色糙米放入電鍋煮熟。
4. 將核桃油、壽司醋、古法醬油、鹽調勻。
5. 將所有食材拌在一起，加入攪拌好的調料。

春蔬全植拌飯佐青椒天貝醬

食材

A

- 糙米…50g
- 紅腰豆…25g
- 白芸豆…15g
- 芥藍梗…20g
- 豆芽…30g
- 小馬鈴薯…2個
- 醃小竹筍…20g
- 植物油…15mℓ
- 鹽…少許
- 孜然粉…1g
- 辣椒油…少許

B

- 青椒…150g
- 植物油…30mℓ
- 天貝…50g
- 薑末…3g
- 蒜末…3g
- 陳年烏醋…5mℓ
- 昆布醬油…15mℓ
- 鹽…1g

作法

1. 糙米浸泡1小時，放入電鍋煮熟。
2. 紅腰豆和白芸豆放入電鍋，加清水煮熟，約1小時。
3. 芥藍梗洗淨後切小段，放入平底鍋，加點油，放少許鹽炒熟。
4. 豆芽汆燙熟，加辣椒油拌勻。
5. 小馬鈴薯不用去皮，切塊，加一點油、孜然粉、鹽拌勻，放入烤箱，200℃烤10分鐘。
6. 用食材B製作青椒天貝醬。青椒洗淨後切碎，天貝切碎。
7. 鍋裡放油，加入青椒、天貝及所有調料，炒熟後放涼。
8. 食材A擺盤，搭配青椒天貝醬一起食用。

小知識

1. 紅腰豆和白芸豆可以多煮一些，吃不完可以用密封罐保存，標好日期，放冰箱冷凍，可保存15天左右，食用前再加熱。
2. 紅腰豆放電鍋慢煮，不容易破皮。
3. 沒有烤箱，也可用平底鍋將小馬鈴薯煎烤熟。
4. 青椒天貝醬可放入密封罐，冷藏約可保存一週。

穀雨節氣
離夏季已不遠
山川草木盛
萬物漸豐盈
期待更豐富的食材

香烤抱子甘藍全植碗

食材

- 抱子甘藍…100g
- 椰子油…15mℓ
- 昆布醬油…15mℓ
- 鹽…1g
- 糙米…50g
- 腰果…6顆
- 紫甘藍發酵菜（見P21）…20g
- 海苔…少許
- 杏仁…少許

作法

1. 平底鍋放椰子油，加入切成兩半的抱子甘藍煎熟，出鍋前加入昆布醬油和鹽。
2. 糙米放入電鍋煮熟。腰果放入加熱過的平底鍋烤香。
3. 將所有食材組合裝盤。

收到一小箱友人贈送的食材
一種很「萌」的蔬菜
小小的很可愛
卻有著大大的能量

夏

食　事

夏日的森林裡
有漫山遍野的藍色繡球花
做了涼爽的全植酸辣粉絲
我們在綠蔭下
發呆、聽音樂、拍照
感知夏日帶來的無盡浪漫

全植酸辣粉絲

食材

- 綠豆粉絲…10g
- 黃瓜…10g
- 紫甘藍…5g
- 豆皮…10g
- 黃椒…5g
- 辣椒粉…少許
- 白醋…5mℓ
- 橄欖油…15mℓ
- 楓糖漿…5mℓ

作法

1. 綠豆粉絲用冷水浸泡，放入沸水中煮2分鐘，煮熟後瀝乾，用涼水沖一下，加少許橄欖油拌勻，防沾黏。
2. 豆皮切絲，放入沸水中汆燙1分鐘。黃瓜、紫甘藍、黃椒洗淨後切絲。
3. 將橄欖油、白醋、楓糖漿、辣椒粉放入小碗調勻。
4. 將處理好的食材放入玻璃罐中，加入調勻的醬汁。

夏之蔬

生薑薄荷
醬汁漬藕尖

食材

- 藕尖…200g
- 薄荷…5g
- 生薑油…30mℓ
- 紫甘藍…10g
- 巴薩米克醋…15mℓ
- 醬油…15mℓ
- 辣椒粉…5g
- 鹽…1g
- 松子…少許

作法

1. 將藕尖表面清洗乾淨，放入沸水中氽燙熟，瀝乾。
2. 紫甘藍切碎之後，將紫甘藍、生薑油、巴薩米克醋、醬油、辣椒粉、鹽放在碗裡攪拌均勻。
3. 將藕尖擺入盤中，淋上醬汁，撒松子和薄荷。醃漬一兩個小時後食用，口感最佳。

逛市場
時令菜藕尖悄然上市
我喜歡它脆嫩的口感
搭配生薑薄荷醬汁
便是初夏的第一口鮮甜

小扁豆咖哩茄子

食材

・小扁豆…50g
・洋蔥碎…10g
・馬鈴薯丁…30g
・素咖哩塊…1小塊
・茄子…100g
・植物油…適量
・豆丸子…4顆

作法

1. 鍋裡放少許油，放入洋蔥碎爆香，加清水燒開，加入小扁豆、馬鈴薯丁煮20分鐘，再加入素咖哩塊煮5分鐘左右。
2. 茄子切5cm長的條狀，平底鍋中放少許油，將茄子煎熟，同時也把豆丸子煎熟。
3. 將所有食材組合裝盤。

小知識

小扁豆是全植物飲食中補充植物蛋白的超級食材。

從家鄉小菜園寄來的小茄子
是童年熟悉的味道
這道料理分兩部分處理
植物蛋白與茄子搭配
融合得非常默契

紫蘇葉茄子天貝捲

食材

A

- 新鮮綠紫蘇葉…10片
- 茄子…350g
- 天貝…60g
- 孜然辣椒粉…7g
- 有機醬油…15mℓ
- 椰子油…10mℓ

B

- 花生醬…5g
- 全植乳酪（見P19）…30g

作法

1. 將新鮮綠紫蘇葉洗淨，瀝乾。
2. 茄子切成條狀，加孜然辣椒粉、有機醬油醃漬後放入平底鍋（或烤盤），雙面煎熟。
3. 天貝切成條，用椰子油煎至兩面焦黃。
4. 用茄子將天貝捲起來，再將紫蘇葉包裹在最外面。
5. 將食材B攪勻，搭配食用。

小知識

1. 天貝原產於印尼，是一種全豆發酵豆製品，至今已有400年歷史。它主要由豆類和水構成，含有多種營養元素和豐富的膳食纖維，口感軟滑美味也飽腹感強。
2. 天貝易於烹飪，無論煎炒炸煮，都能製作出令人喜愛的菜品。

天微熱
買到鮮嫩的紫蘇葉
是我喜歡的味道
紫蘇葉裹著剛烤出來的食物
一口一個
感知食物的滋養

大青椒蔬菜杯

食材

A

- 大青椒…1個
- 茄子…100g
- 小番茄…10～12個
- 古法醬油…10mℓ
- 鹽…少許
- 植物油…15mℓ
- 熟松子…適量

B

- 馬鈴薯…20g
- 全植乳酪（見P19）…15g
- 營養酵母粉…5g
- 植物奶…少許
- 橄欖油…少許

作法

1. 大青椒洗淨，對半切開，去籽。茄子片成薄片。
2. 將古法醬油、鹽、植物油放小碗中調勻，用刷子把醬汁刷在青椒、茄子上，把青椒、小番茄、茄子放入烤箱，以180℃烤10分鐘。
3. 用食材B製作餡料。馬鈴薯放入蒸鍋蒸熟，壓成泥。將馬鈴薯泥、全植乳酪、營養酵母粉、植物奶、橄欖油放小碗中攪拌均勻。
4. 調好的餡料裝入烤好的青椒中，撒上松子；將茄子捲起來，用竹籤固定，與烤好的小番茄一起擺盤。

小知識

大青椒可生食。

遠行時偶遇小菜店
燈籠似的大青椒堆成小山
南方少見
挑選一些放入行李箱
帶回來做料理

玉米藜麥沙拉

食材

A

- 鮮玉米…1個
- 小扁豆…15g
- 羽衣甘藍…10g
- 三色藜麥…15g
- 櫛瓜…10g

B

- 番茄…30g
- 羅勒…10g
- 芒果汁…50㎖

作法

1. 將鮮玉米上的玉米粒剝下來，櫛瓜切丁，與玉米粒一起放入平底鍋烤熟，約10分鐘。
2. 羽衣甘藍洗淨後瀝乾，揉搓使其變軟。
3. 將上述三種食材攪拌均勻。
4. 三色藜麥洗淨後放入電鍋煮熟。
5. 小扁豆洗淨後放入蒸鍋或湯鍋，加水煮熟 ，約煮20分鐘。
6. 將食材B中的番茄洗淨，切丁；羅勒洗淨後瀝乾，切碎，一起裝入密封玻璃罐，倒入芒果汁，放進冰箱冷藏兩三個小時，做成醬料。
7. 將食材A組合裝盤，加入番茄醬料。

小知識

這款沙拉也可以包在生菜葉裡食用。

夏日的玉米
鮮又嫩
口感甜又糯
在它最好吃的季節
享受植物帶來的餽贈

番茄迷迭香沙拉

食材

- 紅色小番茄…10～12個
- 黃色小番茄…6～8個
- 杏桃…3個
- 橄欖油…15mℓ
- 新鮮迷迭香…5g
- 龍舌蘭糖漿…10mℓ
- 胡椒粉…少許

作法

1. 把小番茄和杏桃洗淨，瀝乾，對半切開。
2. 裝盤後淋上橄欖油、龍舌蘭糖漿，撒些新鮮迷迭香和胡椒粉。

小知識

放冰箱冷藏半小時後再吃，更適合炎炎夏日。

小菜園裡種了不同品種的番茄
到了夏日
便成了一道風景線

南瓜葉包藜麥飯

食材

- 三色藜麥…100g
- 壽司醋…15㎖
- 古法醬油…10㎖
- 南瓜葉…8片
- 豆腐乳…適量
- 天貝…20g

作法

1. 南瓜葉洗淨後放沸水中汆燙熟。
2. 三色藜麥洗淨後用電鍋煮熟，然後加入古法醬油和壽司醋拌勻。
3. 天貝切成粒，平底鍋加少許油，將天貝粒煎焦脆。
4. 南瓜葉鋪平，放藜麥飯、豆腐乳、天貝粒，包裹起來。

小知識

還可以包入自己喜歡的其他主食。

友人送來南瓜尖
南瓜尖用來涼拌
南瓜葉用來包藜麥飯
初夏清爽的食物
一口一個的快樂

玉米蔬食碗

食材

- 玉米…1個
- 植物奶…100mℓ
- 小扁豆…10g
- 三色藜麥…10g
- 小番茄…12個
- 植物油…10mℓ
- 熟玉米…2小塊
- 鹽…少許
- 羅勒葉…少許

作法

1. 玉米洗淨，用刀切下玉米粒，和植物奶一起放入料理機中攪打成泥。
2. 將打好的玉米泥倒入平底鍋中燜煮2分鐘，裝入盤中。
3. 將小扁豆和三色藜麥放入水中煮熟，瀝乾。
4. 平底鍋中放油，把煮好的小扁豆、藜麥、小番茄加點鹽炒香。
5. 將炒好的食材和熟玉米放到玉米泥上，放羅勒葉裝飾即可。

小知識

玉米泥是很百搭的食物，無須多餘的調料，就有天然的好味道。還可以搭配其他自己喜歡的食物。

萬事紛擾
安心做飯、讀書、運動
午餐做玉米全植物料理
玉米粒煮熟加點植物奶打成泥
小扁豆、藜麥、番茄炒一炒
滋味美妙

茄子馬鈴薯三明治

食材

A

- 茄子…100g
- 鹽…少許
- 孜然粉…少許
- 椰子油…10mℓ

B

- 馬鈴薯…150g
- 椰奶…30mℓ
- 鹽…少許

C

- 玉米粒…10g
- 蘆筍…15g
- 小番茄…2顆
- 腰果…少許
- 燕麥米…10g

作法

1. 茄子切成2cm厚的片狀，烤盤上刷一層椰子油，中火將茄子烤熟，撒些鹽和孜然粉。
2. 馬鈴薯上蒸鍋蒸熟，壓成泥，加入椰奶、鹽，攪拌均勻。
3. 玉米粒、蘆筍、小番茄、腰果放入烤盤煎熟。燕麥米隔水煮熟。
4. 將茄子鋪在盤子上，放馬鈴薯泥，再鋪上其他食材即可。

雙茄紅醬辣義大利麵

食材

A

- 茄子…100g
- 昆布醬油…15mℓ
- 葡萄籽油…15mℓ

B

- 白豆干…100g
- 孜然粉…1g
- 植物油…少許
- 昆布醬油…15mℓ
- 小番茄…8顆

C

- 全麥義大利麵…50g
- 羅勒葉…3片
- 脫殼火麻仁…少許
- 全植紅醬（見P20）…50g
- 腰果…少許
- 乾辣椒絲…少許
- 橄欖油…10mℓ
- 南瓜子…少許

作法

1. 將食材A中的茄子切長條，加昆布醬油醃漬10分鐘，用葡萄籽油煎熟，捲成小捲。
2. 將食材B中的昆布醬油和孜然粉攪拌均勻，白豆干切成方塊，放入調勻的醬料中醃漬10分鐘。平底鍋刷一層油，將醃漬好的豆干煎熟，同時將小番茄稍煎軟。
3. 全麥義大利麵放入沸水中煮熟。
4. 平底鍋加少許橄欖油，將全植紅醬和義大利麵攪拌均勻。
5. 將義大利麵、茄子捲、煎豆干、小番茄和剩餘食材一起裝盤。

小知識

食譜是少油版。可根據自己的口味調整植物油的用量。

烤四季豆全植
義大利螺旋麵

食材

A

- 茄子…50g
- 四季豆…20g
- 小番茄…5～6顆
- 植物油…15mℓ
- 昆布醬油…少許

B

- 全植紅醬（見P20）…50g
- 全麥義大利螺旋麵…50g
- 植物油…5mℓ

作法

1. 茄子切片；四季豆洗淨後瀝乾，切成5cm長的段；小番茄洗淨後瀝乾。
2. 平底鍋上刷一層油，將茄子、四季豆用中火煎熟，出鍋前淋些昆布醬油。小番茄煎軟。
3. 全麥義大利螺旋麵放入沸水中煮熟，約10分鐘。
4. 平底鍋中加入植物油，放入義大利麵和全植紅醬，如果太乾可以加點高湯或清水，攪拌均勻。
5. 所有食材裝盤即可。

喜歡夏日早晨步行
這是一天光線最柔和最涼爽的時間
公園裡開了大片的紫衣花海
拍了友人喜歡的照片
用夏日蔬菜做食物
日子像花一樣美好

毛豆全植義大利麵

食材

- 毛豆…30g
- 黃瓜…1/2根
- 全麥義大利麵…50g
- 羽衣甘藍…適量
- 松子…2g
- 薄荷葉…適量
- 橄欖油…15mℓ
- 全植青醬（見P20）…50g

作法

1. 毛豆放沸水中汆燙熟。
2. 黃瓜洗淨，用削皮刀刮成長條。
3. 羽衣甘藍洗淨，瀝乾。
4. 湯鍋放水，煮沸後放入全麥義大利麵煮熟。
5. 平底鍋放油，將松子炸香，加入煮熟的義大利麵和全植青醬，翻炒均勻。
6. 出鍋後加入煮好的毛豆、羽衣甘藍和黃瓜條。
7. 用薄荷葉裝飾。

小知識

煮義大利麵時，可以放點鹽。

小扁豆醬汁拌麵

食材

- 小扁豆…50g
- 青花菜…2朵
- 紫洋蔥…50g
- 小番茄…4～5個
- 植物油…30㎖
- 辣椒粉…5g
- 鹽…1g
- 黑蕎麥麵…50g

作法

1. 小扁豆浸泡10分鐘；紫洋蔥洗淨後切碎；小番茄切碎。
2. 鍋裡放油，加入洋蔥碎、番茄碎、清水，煮開後加入小扁豆，約煮20分鐘，小扁豆煮爛後再加入辣椒粉、鹽和青花菜。
3. 湯鍋中放水，煮沸後加入黑蕎麥麵，煮10分鐘。
4. 黑蕎麥麵裝盤，淋煮好的小扁豆醬汁。

小扁豆是食材庫中的常備食材
有著豐富的植物蛋白
把小扁豆與其他植物食材
煮成酸辣的醬汁
用來拌麵最好

彩虹鬆餅

食材

A

- 低筋麵粉…200g
- 泡打粉…1g
- 植物奶…180mℓ
- 植物油…30mℓ
- 楓糖漿…30mℓ

B

- 草莓醬…10g
- 香蕉…1/4個
- 酪梨…1/4個
- 小番茄…2顆
- 紫甘藍發酵菜（見P21）…5g
- 椰子油…適量
- 天貝…10g

作法

1. 用食材A製作鬆餅。將低筋麵粉、植物奶、泡打粉、楓糖漿放入碗中，攪拌均勻。
2. 平底鍋刷一層油，將麵糊煎成小鬆餅。
3. 天貝用椰子油煎至兩面焦脆，小番茄切成兩半，酪梨、香蕉切成片。
4. 把食材B分別鋪放在鬆餅上即可。

小知識

1. 用湯勺來做量匙，這樣可以煎出大小一樣的鬆餅。
2. 可以把自己喜歡的其他食材加到鬆餅上。

羽衣甘藍捲餅

食材

- 全麥麵粉…100g
- 羽衣甘藍…50g
- 椰子花蜜糖…10g
- 植物奶…150mℓ
- 白芝麻…5g
- 黃瓜…10g
- 小番茄…5～6顆
- 腰果…5～6顆
- 植物油…15mℓ
- 番茄醬…15g

作法

1. 羽衣甘藍洗淨，瀝乾，與椰子花蜜糖、植物奶一起放入料理機中攪勻。
2. 將全麥麵粉加入羽衣甘藍汁中，攪拌成可流動的麵糊。
3. 平底鍋中加入少許油，將麵糊煎成大小一致的圓餅。
4. 將小番茄、腰果放入平底鍋中，小火烤5分鐘。
5. 黃瓜用削皮刀刮成長條。
6. 在捲餅上加入小番茄、腰果、黃瓜，捲起來，撒白芝麻，搭配番茄醬即可。

小知識

餅的厚薄可根據口感來定，可用湯勺來做量匙，這樣可煎出大小一樣的餅。

做綠色的羽衣甘藍捲餅
搭配些喜歡的蔬果和堅果
便是不錯的蔬食早午餐

天貝全植碗

食材

A

- 蘆筍…6根
- 紅薯…1/2個
- 荷蘭豆…20g
- 松子…5g
- 南瓜子…少許
- 奇亞籽…少許
- 植物油…5mℓ

B

- 天貝…30g
- 紅椒粉…5g
- 古法醬油…5mℓ
- 橄欖油…10mℓ
- 楓糖漿…5mℓ

C

- 小番茄…6顆
- 檸檬汁…15mℓ
- 羅勒…10g
- 黑胡椒…1g

作法

1. 蘆筍取最嫩的部分，平底鍋中刷一層油，將處理好的蘆筍、荷蘭豆煎熟。紅薯蒸熟，切塊備用。
2. 將天貝切成薄片，食材B的調料調勻，將天貝浸在調料中，冷藏醃漬入味後煎至兩面微微焦脆。
3. 將小番茄切丁，羅勒洗淨後瀝乾、切碎，與檸檬汁、黑胡椒混合均勻，倒入密封罐中，冷藏一兩個小時，做成醬汁。
4. 將食材A和天貝組合擺盤，倒入醬汁。

初夏的日常
微熱的天氣
把冰箱裡剩餘的食材
搭配酸酸甜甜的醬汁
做成今日的能量午餐

青豆香菇糙米飯糰全植碗

食材

A

- 鮮香菇…3朵
- 青豆…10g
- 糙米…50g
- 古法醬油…5mℓ
- 椰子油…5mℓ

B

- 茄子…100g
- 古法醬油…5mℓ
- 植物油…10mℓ
- 孜然粉…1g
- 芝麻…少許
- 鹽…1g

C

- 羽衣甘藍…5g
- 紫甘藍…5g
- 基礎油醋汁（見P18）…5mℓ
- 酪梨…1/2個
- 豆干…5g

作法

1. 用食材A製作青豆香菇糙米飯糰。青豆放沸水中汆燙熟；鮮香菇洗淨後切碎，鍋裡放椰子油，放香菇碎，加古法醬油炒香。
2. 糙米洗淨後放入電鍋，加入炒好的香菇碎煮熟。
3. 香菇糙米飯加入青豆攪拌均勻，用飯糰模具壓出三角形飯糰。
4. 用食材B製作烤茄子。將植物油、古法醬油、鹽攪拌均勻；茄子對半切開，裹滿調好的調料，平底鍋刷一層油，把茄子烤熟，撒上孜然粉和芝麻。
5. 羽衣甘藍洗淨後瀝乾，紫甘藍洗淨後切絲。將羽衣甘藍、紫甘藍混合，淋基礎油醋汁調味。
6. 豆干用平底鍋烤一下；酪梨去皮，切片。
7. 將所有食材組合裝盤。

小知識

鮮香菇清洗乾淨即可，無須泡水，泡太久香菇容易散失香味。

開始享受「果蔬盛宴」吧

天氣日漸炎熱
自然萬物生長至繁盛
水果也進入到豐盈的時期
夏季
對於全植物飲食踐行者來說
是最美好的季節

芭樂酪梨沙拉

食材

A

- 紅心芭樂…1/2個
- 酪梨…1/2個
- 黑莓…10顆
- 脫殼火麻仁…少許
- 羽衣甘藍…10g

B

- 火麻仁油…15mℓ
- 楓糖漿…15mℓ
- 巴薩米克醋…5mℓ
- 黑胡椒…少許

作法

1. 紅心芭樂去皮，切成小塊；黑莓、羽衣甘藍洗淨後瀝乾；羽衣甘藍用手稍揉搓，使其變軟；酪梨切片。
2. 將食材A的所有蔬果組合擺盤。
3. 將食材B放入小碗中調成醬汁。
4. 把醬汁淋在沙拉上。

六月末
連續下雨的天氣
早起迎著雨步行幾圈
頭腦清醒很多
上午的時間最適合思考
總結、復盤和計畫
做清淡蔬食
清淨身心

鳳梨蘆筍沙拉

食材

- 鳳梨…50g
- 馬鈴薯…1個
- 荷蘭豆…15g
- 蘆筍…20g
- 羽衣甘藍…10g
- 植物油…10mℓ
- 奇亞籽…少許
- 基礎油醋汁（見P18）…30mℓ

作法

1. 鳳梨去皮、切成小塊。馬鈴薯去皮，蒸熟後切小塊。
2. 平底鍋刷一層油，將處理好的蘆筍和荷蘭豆放入平底鍋煎熟。
3. 羽衣甘藍洗淨，瀝乾，撕成小塊，稍揉搓使其變軟。
4. 把所有食材擺盤，撒奇亞籽，淋上基礎油醋汁。

鳳梨甜酸可口
是初夏的味道

酪梨小黃瓜沙拉

食材

A

- 小黃瓜…1根
- 酪梨…1/2個
- 黑莓…6顆
- 生菜…2～3片
- 櫻桃…3顆
- 燈籠果…5顆
- 奇亞籽…適量
- 脫殼火麻仁…適量

B

- 芝麻醬…5g
- 花生醬…5g
- 大豆優酪乳…15㎖

作法

1. 小黃瓜洗淨，用削皮刀削成長條。
2. 酪梨去皮，切片。
3. 黑莓用鹽水泡一下，生菜、櫻桃和燈籠果洗淨後瀝乾。
4. 所有蔬果擺盤，撒奇亞籽和脫殼火麻仁。
5. 將食材B攪拌均勻，淋在沙拉上即可。

植物的根、莖、葉、花、果、種子
有各種營養和不同的味道
食用植物
等於吃盡大地的純淨美好

芒果羅勒沙拉

食材

A

- 芒果…1個
- 黃瓜…1/2根
- 黃番茄…1個
- 馬鈴薯…20g
- 羅勒葉…少許
- 香芹葉…少許
- 小茄子…1個
- 植物油…5㎖

B

- 酪梨…1/2個
- 植物奶…50㎖
- 羅勒…5g

作法

1. 芒果和黃瓜去皮，用削皮刀削成條；黃番茄洗淨後對半切開。
2. 馬鈴薯放蒸鍋蒸熟，切成小塊；羅勒葉和香芹葉洗淨後瀝乾。
3. 茄子洗淨後切成長條，在表面刷一層油，放平底鍋煎熟。
4. 用食材B製作酪梨羅勒醬汁。所有食材放入料理機中攪拌均勻即可。
5. 將沙拉裝盤，淋上醬汁。

夏日的芒果
太適合搭配各類蔬果
芒果的甜和獨特香氣
總是給人帶來驚喜

杏桃沙拉

食材

A

- 杏桃…3個
- 梨…1個
- 李子…2顆
- 紫葡萄…10顆
- 羽衣甘藍…10g
- 奇亞籽…少許
- 脫殼火麻仁…少許

B

- 亞麻籽油…15mℓ
- 青檸汁…5mℓ
- 薑末…1g
- 楓糖漿…15mℓ
- 薄荷葉…少許

作法

1. 將食材A中的所有蔬果洗淨，瀝乾，杏桃、梨、李子切塊；羽衣甘藍洗淨後揉搓使其變軟。
2. 用食材B製作生薑薄荷油醋汁。將亞麻籽油、青檸汁、薑末、楓糖漿加入小碗中調勻，薄荷葉切碎，放入油醋汁中。
3. 將沙拉組合裝盤，淋上生薑薄荷油醋汁。

夏日的杏桃
上市時間很短
很甜
和各種蔬果組合起來
甘甜飽足

黃桃沙拉

食材

- 黃桃…1個
- 青奈李或加州青李…1～2個
- 苦苣…10g
- 芒果…1個
- 生腰果…35g
- 三色藜麥…15g
- 基礎油醋汁（見P18）…15mℓ
- 麵包…2片

作法

1. 黃桃洗淨後切塊，將黃桃和生腰果用平底鍋烤一下，約5分鐘。
2. 青奈李（或加州青李）洗淨後切小塊；芒果去皮，用削皮刀削成條；苦苣洗淨後瀝乾。
3. 三色藜麥放入清水中煮20分鐘，煮熟後瀝乾。
4. 將所有食材組合裝盤，淋上基礎油醋汁。

夏日果昔能量碗

藍莓火龍果果昔碗

食材

A

- 香蕉…1根
- 紅心火龍果…30g
- 黑莓…2顆
- 藍莓…20g

B

- 紅心火龍果塊…100g
- 藍莓…10顆
- 奇亞籽…5g
- 脫殼火麻仁…5g

芒果鳳梨果昔碗

食材

A

- 香蕉…1根
- 芒果…30g
- 植物奶…10mℓ

B

- 鳳梨塊…100g
- 樹莓…9顆
- 芒果塊…60g
- 奇亞籽…少許

夏日是水果最豐盛的時期
色彩繽紛
還擁有豐富的植化素
一餐來一碗豐富的高能水果餐

木瓜櫻桃果昔碗

食材

A

- 香蕉⋯1根
- 木瓜⋯50g
- 植物奶⋯10ml

B

- 櫻桃⋯4顆
- 黑莓⋯1顆
- 樹莓⋯2顆
- 奇亞籽⋯少許

作法

1. 將食材A提前放入冰箱冷凍一晚，第二天放入高速攪拌機中打成細膩的果泥。
2. 將食材B搭配在打好的果泥上即可。

秋

食　事

秋日
去鄉下小憩
有靜謐的田園風光
大片田野土地重新翻耕
油菜花種子即將要下地
來年春天又會是
漫山遍野的油菜花
往後山步行
有大片梧桐樹葉
席地而坐一起野餐
在廚房做好簡單的食物
孩童們在滿山奔跑
這樣的日子好想珍藏

橘子全植奶酪

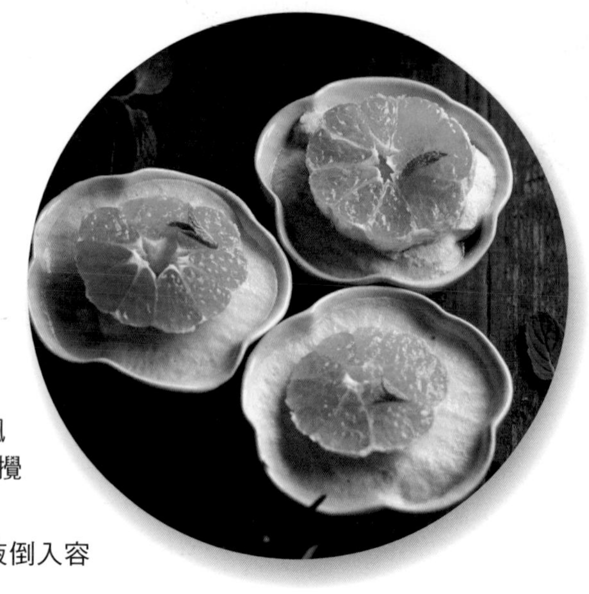

食材

- 全植乳酪（見P19）…100g
- 橘子…150g
- 楓糖漿…15mℓ
- 椰奶…50mℓ
- 寒天粉…15g

作法

1. 在小奶鍋中加入全植乳酪、椰奶、楓糖漿、寒天粉，用中小火煮開，注意攪拌不要黏鍋。
2. 容器表面抹一層油，將煮好的奶酪液倒入容器中，放冰箱冷藏3小時左右。
3. 橘子去皮後切圓片，擺放在做好的全植奶酪上即可。

肉桂植物奶茶

食材

- 肉桂棒…1根
- 紅茶…5g
- 水…150mℓ
- 楓糖漿…5mℓ
- 植物奶…250mℓ

作法

紅茶放入水中煮沸，加入植物奶和楓糖漿繼續煮1分鐘，用濾網將奶茶過濾入杯中，放入肉桂棒即可。

石榴黑巧克力

食材

- 可可脂…100g
- 可可粉…50g
- 楓糖漿…50mℓ
- 新鮮石榴子…適量

作法

1. 可可脂隔水化開，加入可可粉攪拌均勻，再加入楓糖漿攪勻。
2. 用湯匙盛出適量可可液，撒上新鮮石榴子，放入冰箱冷藏或冷凍都可以。

秋之蔬

鷹嘴豆丸

食材

- 鷹嘴豆…40g
- 藜麥…20g
- 椰子花蜜糖…5g
- 核桃碎…10g
- 肉桂粉…1g

作法

1. 鷹嘴豆提前4小時浸泡，用電鍋煮熟，瀝乾後放入料理機打成泥。
2. 藜麥放入鍋中煮熟。
3. 將鷹嘴豆泥、藜麥、椰子花蜜糖、核桃碎、肉桂粉混合，捏成丸子。放入烤箱，以180℃烤15分鐘。

小知識

可以製作一些清爽的沙拉，搭配丸子食用。

酪梨南瓜花捲

食材

- 酪梨…1個
- 新鮮南瓜花…8朵
- 全植乳酪（見P19）…40g
- 植物油…50㎖
- 肉桂粉…10g
- 脫殼火麻仁…2g
- 羽衣甘藍…10g

作法

1. 新鮮南瓜花洗淨，去掉蒂和蕊，用淡鹽水浸泡10分鐘，瀝乾。
2. 將南瓜花花瓣打開，舀1匙全植乳酪塞入花裡，將花瓣包起來。
3. 將南瓜花放入油鍋中炸熟。
4. 酪梨去皮，用削皮刀削成薄片。
5. 用酪梨片把炸好的南瓜花包起來。
6. 羽衣甘藍洗淨，瀝乾，撕成小片。
7. 將酪梨南瓜花捲擺盤後，用羽衣甘藍加以裝飾，撒上肉桂粉和火麻仁籽。

小知識

1. 南瓜花在炸之前可以裹上一層麵糊。麵糊用全麥麵粉加清水即可。
2. 南瓜花夾餡也可以用馬鈴薯泥或南瓜泥。

小菜園寄來食材
收到了南瓜花
鮮花和美食
是世間最美好的事物

香菇釀小扁豆

食材

A

- 香菇…6朵
- 蒜…1瓣
- 橄欖油…30mℓ
- 鹽…1g
- 黑胡椒…少許

B

- 小扁豆…20g
- 紫甘藍絲…適量
- 三色藜麥…適量
- 香菜…少許

作法

1. 香菇洗淨後去蒂；將食材A中的其他食材混合，放入香菇醃10分鐘。
2. 將香菇放入烤箱，以180℃烘烤20分鐘。
3. 小扁豆放入清水中煮熟，約15分鐘，瀝乾後用湯匙壓成泥。
4. 三色藜麥煮熟備用。
5. 香菇中放入小扁豆泥，再點綴紫甘藍絲、三色藜麥和香菜。

南瓜泥藕夾

食材

- 蓮藕…200g
- 南瓜…100g
- 全麥麵粉…50g
- 麵包粉…適量
- 油…200mℓ

作法

1. 蓮藕去皮，切成薄片。南瓜去皮，切片，蒸軟後瀝水，壓成泥。
2. 取2片藕，夾入1小匙南瓜泥。
3. 全麥麵粉加適量清水調成麵糊。將藕夾放入麵糊中滾一滾，再裹上一層麵包粉，放入170℃的油中炸成金黃色。放在吸油紙上吸掉多餘油分。

小知識

1. 挑選剛採摘的蓮藕，水分足，澀味少，口感香脆，味道清淡。
2. 南瓜選較甜的。

午後做點心當下午茶
時令的嫩藕和南瓜組合起來
煮熱騰騰的咖啡
寫字、拍照、整理
度過簡單的一日

無花果沙拉佐桂花油醋汁

食材

A

- 無花果…1個
- 酪梨…1/2個
- 南瓜子…5g
- 藍莓…8～10顆
- 藜麥…30g
- 奇亞籽…1g
- 苦苣…30g
- 鷹嘴豆…25g

B

- 桂花楓糖漿…15mℓ
- 巴薩米克醋…10mℓ
- 橄欖油…15mℓ

作法

1. 無花果洗淨，瀝乾，切成薄片；苦苣、藍莓洗淨，瀝乾；酪梨切片。
2. 藜麥浸泡10分鐘，鷹嘴豆浸泡8小時，分別蒸熟，藜麥蒸約15分鐘，鷹嘴豆蒸約30分鐘。
3. 用食材B製作桂花油醋汁。將桂花楓糖漿、巴薩米克醋、橄欖油放入小碗中，攪拌均勻。
4. 將食材A組合裝盤，淋上醬汁，撒上南瓜子和奇亞籽。

小知識

桂花楓糖漿做起來非常方便，在200mℓ的玻璃瓶裡，放入新鮮桂花50g，加入糖漿100mℓ，醃漬一天，放入冰箱可以長久保存。

這個季節的桂花最珍貴
取些洗淨的新鮮桂花加入楓糖漿中
醃漬一天
糖漿中便有了桂花的香氣

石榴莓果全植沙拉

食材

- 樹莓…8～10顆
- 黑莓…6～8顆
- 酪梨…1/2個
- 杏仁…10g
- 豆干…35g
- 羽衣甘藍…10g
- 石榴子…適量
- 脫殼火麻仁…少許
- 基礎油醋汁（見P18）…15mℓ

作法

1. 樹莓、黑莓洗淨後瀝乾。
2. 羽衣甘藍洗淨後瀝乾，稍揉搓使其變軟。
3. 豆干放入平底鍋，烤至焦黃。
4. 酪梨切片。
5. 將全部食材組合裝盤，淋上基礎油醋汁即可。

長長的假期
有次小小的旅行
十月天還很炎熱
午餐做清爽豐富的食物
石榴的季節
子軟甜脆
拌入食物增加口感層次
也喜歡用石榴榨汁
粉色汁液好看又好喝

葡萄柚酪梨沙拉

食材

- 葡萄柚…1/4個
- 酪梨…1/2個
- 羽衣甘藍…10g
- 櫻桃李…3顆
- 南瓜子…5g
- 腰果…適量
- 柑橘汁…5㎖
- 基礎油醋汁（見P18）…30㎖

作法

1. 葡萄柚去皮，切圓片，再對半切開。
2. 酪梨去皮，用削皮刀削成條狀。
3. 羽衣甘藍洗淨後瀝乾，輕輕揉搓使其變軟。
4. 櫻桃李去核，切成小塊。
5. 所有食材裝盤，將柑橘汁和基礎油醋汁混合後淋在上面即可。

豆皮捲佐香菜辣醋醬汁

食材

A

- 鮮豆皮…5張
- 小胡蘿蔔…1個
- 青甜椒…1/2個
- 甜菜根… 1/2個

B

- 植物油…15mℓ
- 蒜末…1g
- 辣椒粉…1g
- 陳年烏醋…5mℓ
- 鹽…1g
- 香菜…少許

作法

1. 鮮豆皮切約5cm寬。胡蘿蔔、青甜椒、甜菜根切成5cm長的絲。用豆皮將切好的蔬菜捲起。
2. 用食材B製作香菜辣醋醬汁。小碗裡放入辣椒粉、蒜末、陳年烏醋、鹽，植物油在鍋裡燒熱後，澆淋到小碗中，最後撒上香菜即可。

茼蒿泥配炸物

食材

A

- 茼蒿…200g
- 胡蘿蔔…1/3個
- 洋蔥…1/4個
- 小馬鈴薯…1個
- 蒜…1瓣
- 鹽…1g
- 橄欖油…15mℓ
- 蔬菜高湯（見P17）…300mℓ

B

- 小南瓜…3塊
- 紫甘藍…20g
- 蘑菇…20g
- 酪梨…1/2個
- 全麥麵粉…30g
- 清水…50mℓ
- 植物油…200mℓ

作法

1. 用食材A製作茼蒿泥。茼蒿葉洗淨，瀝乾；胡蘿蔔去皮，切成小塊；洋蔥切小塊；小馬鈴薯去皮，切成小塊。
2. 炒鍋放油，放蒜爆香，把胡蘿蔔、洋蔥、馬鈴薯加鹽炒熟，放入料理機中，再加入茼蒿葉和蔬菜高湯，打成泥。
3. 用食材B製作蔬菜炸物。小南瓜去皮、切成塊；紫甘藍洗淨，切5cm長的小段；蘑菇洗淨，去尾；酪梨去皮，均分成4塊。
4. 在碗裡放入全麥麵粉，加清水調成麵糊，所有食材裹上麵糊。
5. 深鍋裡放油燒熱，調小火，把裹好麵糊的食材炸至上色，用吸油紙稍微吸掉一些油。

小知識

1. 嫩茼蒿葉可以用來拌沙拉、涮火鍋。成熟茼蒿葉用來做茼蒿泥。
2. 炸蔬菜可以當小零食，烹飪的時候不妨多做點。

深秋寒意漸濃
出門去步行
路邊的落葉走上去咯吱響
在大自然中總能保持足夠的清醒和鬆弛
買到深秋的茼蒿葉
成熟葉子更適合做茼蒿泥
試著把酪梨也炸炸
製作植物料理每一次都是奇妙之旅

秋蔬果散壽司飯

食材

A

- 糙米…25g
- 香菇…5g
- 辣豆干…30g
- 南瓜…25g
- 植物油…10mℓ

B

- 加拉蘋果…1/2個
- 酪梨…1/2個
- 苦苣葉…適量
- 山胡桃仁…少許
- 腰果…少許
- 脫殼火麻仁…少許
- 海苔…少許
- 壽司醋…15mℓ

作法

1. 糙米洗淨，放入電鍋中煮熟。
2. 香菇、南瓜切丁，和辣豆干一起放入油鍋中炒熟。
3. 加拉蘋果洗淨後切片，酪梨切片，苦苣葉洗淨後瀝乾。
4. 將食材A和食材B組合裝盤，淋壽司醋調味。

秋風漸涼
內心沉靜
去山上看紅楓葉
午餐做散壽司飯
所有食材搭配好後
淋一勺壽司醋
口感清爽又飽腹

桂花柿子餅

食材

- 甜柿…500g
- 鮮桂花…100g
- 全麥麵粉…200g
- 橄欖油…15ml
- 楓糖漿…10ml

作法

1. 將放軟的甜柿去皮後放入攪拌碗中搗成泥。
2. 鮮桂花洗淨，瀝乾。
3. 把鮮桂花和全麥麵粉加入到柿子泥中，攪拌成稍微黏稠的糊。
4. 平底鍋刷一層橄欖油，用小湯勺舀麵糊放入鍋中，中火煎至兩面焦黃。
5. 裝盤後淋些楓糖漿，撒少許鮮桂花裝飾。

小知識

1. 甜柿一定要挑軟的，比較甜。
2. 桂花要採摘剛開花的，香味比較濃。
3. 可以用一個小湯匙做固定的量匙，這樣可以煎出同樣大小的餅。
4. 不喜歡甜，可以不用淋糖漿。

喜歡秋天的柿子
脆柿適合拌入沙拉、植物優酪乳、燕麥粥中
軟軟的甜柿非常甜
用來煎軟軟的早餐餅
柿子天然甜
吃起來毫無負擔

南瓜全植蛋糕

食材

A

- 腰果…40g
- 山胡桃仁…40g
- 椰棗…25g
- 植物奶…適量
- 鹽…少許

B

- 生可可脂…35g
- 南瓜塊…35g
- 椰子油…15mℓ
- 腰果…75g
- 椰子花蜜糖…25g
- 檸檬…1個

作法

1. 用食材A做蛋糕底。腰果提前浸泡4小時，洗淨後瀝乾。
2. 椰棗切小塊，加少許植物奶泡軟。
3. 腰果、山胡桃仁、鹽放入料理機攪勻，再加椰棗攪打。
4. 將打好的食材填入蛋糕模具中壓緊，放入冰箱冷藏。
5. 將食材B中的南瓜塊蒸熟，去掉多餘水分，壓成泥。
6. 生可可脂、椰子油隔水加熱至生可可脂化開。
7. 將腰果和椰子花蜜糖放入料理機中攪勻，加入生可可脂和椰子油繼續攪打均勻，倒在食材A的模具上。
8. 刮一些檸檬皮絲，拌入南瓜泥中，冷藏至少4小時。

小知識

南瓜泥可以替換成榴槤泥或芒果泥。

紅薯壽司

食材

- 紅薯…100g
- 天貝…50g
- 植物油…15mℓ
- 酪梨…1/4個
- 軟石榴子…10g
- 全植沙拉醬（見P18）…適量

作法

1. 紅薯切1cm厚的片狀，酪梨切片。
2. 烤盤刷一層薄薄的油，放上紅薯，以180℃烤15分鐘。
3. 天貝切薄片，平底鍋放少許油，將天貝兩面煎至焦脆。
4. 將天貝、酪梨、軟石榴子與紅薯組合裝盤。
5. 淋上全植沙拉醬。

小知識

可以創意搭配各種喜歡的食物。

菠菜酪梨義大利麵

食材

A

- 菠菜義大利麵…50g
- 菠菜葉…20g
- 白花椰菜…10g
- 洋菇…1個
- 小番茄…2個
- 黑豆筍皮…少許
- 鹽…少許
- 孜然粉…少許

B

- 酪梨…1/2個
- 芥末籽醬…10g
- 橄欖油…10㎖
- 檸檬汁…10㎖

作法

1. 將菠菜義大利麵放入沸水中煮熟。菠菜葉用沸水汆燙一下。
2. 烤盤刷一層油。白花椰菜分成小朵，洋菇切片，與小番茄、黑豆筍皮一起放入烤盤，撒鹽和孜然粉，以100℃烤10～15分鐘。
3. 用食材B做酪梨芥末醬汁。將酪梨、芥末籽醬、橄欖油、檸檬汁放入料理機裡攪拌均勻。
4. 將菠菜義大利麵、菠菜葉和烤蔬菜裝盤，淋酪梨芥末醬汁。

照燒桃膠全植碗

食材

A

- 桃膠…5g
- 鮮香菇…1個
- 豆干…30g
- 植物油…5mℓ
- 古法醬油…15mℓ
- 醋…5mℓ
- 楓糖漿…5mℓ
- 菌菇高湯（見P17）…100mℓ

B

- 紫甘藍…5g
- 黃瓜…1/2根
- 無花果…2塊
- 生菜…10g
- 酪梨…1/4個
- 海苔…適量

C

- 全麥麵條…50g
- 蔥油…5mℓ
- 植物油…5mℓ
- 醬油…5mℓ
- 鹽…1g

作法

1. 把古法醬油、醋、楓糖漿倒入小碗中調勻。桃膠提前一天完全泡發，洗淨後瀝乾。
2. 豆干和香菇切成丁。平底鍋放油，放入豆干、桃膠和香菇，加入調好的醬汁炒熟。再放入菌菇高湯燜幾分鐘。
3. 紫甘藍、黃瓜洗淨後切成絲；生菜放入沸水中汆燙熟；酪梨壓成泥。無花果切小塊。
4. 將全麥麵條煮熟，撈出放入碗中，加入鹽、蔥油和醬油。
5. 鍋中放油燒熱，將熱油淋到麵條上，攪拌均勻。
6. 將所有食材組合擺盤。

紅薯全植碗
佐羅勒全植沙拉醬

食材

- 紅薯…1個
- 黑莓…8顆
- 葡萄柚…1/4個
- 苦苣…10g
- 芒果…1/2個
- 酪梨…1/2個
- 新鮮羅勒葉…5g
- 全植沙拉醬（見P18）…30㎖

作法

1. 紅薯去皮，蒸熟後切成塊。
2. 黑莓和苦苣洗淨，瀝乾。葡萄柚、酪梨切塊。芒果去皮，用削皮刀削成條狀。
3. 新鮮羅勒葉洗淨後切碎，放入全植沙拉醬中，攪拌均勻。
4. 將所有處理好的食材裝盤，淋上羅勒全植沙拉醬即可。

秋日天氣微炎熱
最喜食維生素C豐富的蔬果
加新鮮羅勒做醬汁
甚是美味

羊棲菜藕片全植碗

食材

A

- 乾羊棲菜…3g
- 藕片…100g
- 橄欖油…10mℓ
- 鹽…1g

B

- 鷹嘴豆…30g
- 古法醬油…15mℓ
- 醋…5mℓ
- 楓糖漿…5mℓ
- 橄欖油…10mℓ
- 辣椒粉…少許

C

- 小番茄…6顆
- 蘆筍…5根
- 糙米…50g
- 南瓜子…5g

作法

1. 藕選比較嫩的，洗淨、去皮、切薄片。
2. 乾羊棲菜用熱水泡發，洗淨後瀝乾。
3. 平底鍋放油，加入藕片和羊棲菜一起翻炒，加鹽和少許清水煮一下。
4. 將古法醬油、醋、楓糖漿放入小碗中調勻。
5. 鷹嘴豆提前浸泡4小時，放入高壓鍋或電鍋煮熟。
6. 平底鍋中放少許油，加入鷹嘴豆和調好的料汁煮熟，出鍋前撒些辣椒粉。
7. 小番茄和蘆筍放入平底鍋稍煎烤。
8. 糙米洗淨後放入電鍋煮熟。
9. 將所有處理好的食材組合擺盤。

小知識

準備全植碗時，鷹嘴豆和糙米可以多煮一些，吃不完可以裝入密封盒冷凍保存。

腰果香菇糙米飯糰全植碗

食材

A

- 鮮香菇…3朵
- 腰果…10g
- 糙米…50g
- 古法醬油…5mℓ
- 椰子油…5mℓ

B

- 豆干…30g
- 芥藍…2棵
- 醬油…5mℓ
- 芝麻…少許
- 酪梨…1/2個
- 發酵菜（見P21）…10g
- 海苔…適量

作法

1. 鮮香菇洗淨後切碎，鍋裡放椰子油，加入香菇碎和古法醬油炒香。
2. 糙米洗淨後放入電鍋，放入炒好的香菇，煮熟。
3. 腰果放入平底鍋裡烤香，拌入煮好的香菇糙米飯中，用飯糰模具壓出三角飯糰。
4. 豆干放入平底鍋裡加熱5分鐘。芥藍放入熱水中汆燙熟，加點醬油調味，撒點芝麻。
5. 酪梨用削皮刀削成條狀。
6. 將所有食材組合擺盤。

小知識

這道菜使用的豆干是油炸而成的豆製品，口感是辣的。

秋季
各種堅果種子也開始收穫
用腰果來做飯糰
做植物奶
都是令人滿足的美味

椰子油貝貝南瓜全植碗

食材

A

- 貝貝南瓜…1/2個
- 青豆…10g
- 豆干…40g
- 椰子油…15mℓ
- 腰果…適量

B

- 三色糙米…50g

C

- 菠菜…20g
- 紫甘藍…10g
- 酪梨…1/4個
- 奇亞籽…少許
- 黃瓜…1/3根
- 油醋汁…10mℓ

作法

1. 貝貝南瓜切塊，豆干切丁，烤盤或平底鍋刷一層油，將貝貝南瓜烤熟，約10分鐘。豆干烤得焦脆，約5分鐘。
2. 腰果和青豆煎熟，約5分鐘。
3. 三色糙米洗淨後放入電鍋中煮熟，與烤熟的青豆和腰果攪拌在一起。
4. 菠菜放入沸水中汆燙熟。
5. 酪梨切丁；黃瓜先對半切開，再切片。
6. 紫甘藍洗淨後瀝乾，切成絲。
7. 將酪梨、黃瓜、紫甘藍絲淋上油醋汁，撒奇亞籽。將所有食材組合裝盤。

豆腐香菇排全植碗

食材

A

- 老豆腐⋯50g
- 香菇⋯20g
- 小扁豆⋯10g
- 花椒粉⋯1g
- 鹽⋯1g
- 油⋯15mℓ
- 全麥麵粉⋯10g
- 有機醬油⋯5mℓ

B

- 糙米⋯10g
- 南瓜子⋯5g
- 無花果⋯1個
- 苦苣⋯10g
- 紫甘藍發酵菜（見P21）⋯5g

作法

1. 老豆腐用紗布擠出一些水分後捏碎，香菇切丁後炒熟。
2. 將老豆腐、煮熟的小扁豆、香菇和全麥麵粉攪拌均勻，加入花椒粉、有機醬油和鹽，攪拌均勻。
3. 平底鍋刷一層油，把食材捏成大小一樣的小圓餅，放入平底鍋中煎至兩面焦黃。
4. 糙米洗淨，放入電鍋煮熟。
5. 無花果洗淨後切塊，苦苣洗淨後瀝乾。
6. 把食材A和食材B組合裝盤即可。

天氣涼爽
切好水果
帶好食物和書
去森林裡散步
在大自然中思考和療癒

冬

食　事

冬日年尾必不可少的聚會
圍桌小敘
幾款簡約的全植物料理
作為圍爐的配菜
也是不錯的
餐桌上深度交流
生活中所有的不快
唯有美食
可以療癒

草莓豆腐時蔬串串

食材

- 老豆腐…100g
- 草莓…6顆
- 荸薺…4顆
- 羽衣甘藍…20g
- 豆漿優酪乳…30mℓ

作法

1. 老豆腐切成2公分見方的塊狀，平底鍋刷一層油，將豆腐塊煎至兩面金黃，脆脆的口感更好吃。
2. 草莓洗淨，瀝乾後對半切開。荸薺洗淨，去皮。
3. 羽衣甘藍洗淨後揉搓使其變軟，撕成小塊。
4. 用竹籤將所有食材串起來。淋上豆漿優酪乳即可。

紅薯紅扁豆泥紅椒杯

食材

- 紅扁豆…100g
- 紅薯…200g
- 全植乳酪（見P19）…50g
- 楓糖漿…15mℓ
- 紅甜椒…3個

作法

1. 紅扁豆提前15分鐘浸泡，加水煮至軟爛，放入料理機中打成泥。
2. 紅薯選擇比較甜糯的，蒸熟後去皮，壓成泥。
3. 紅甜椒洗淨後對半切開，去籽。
4. 將扁豆泥、紅薯泥、全植乳酪和楓糖漿混合均勻，填滿紅甜椒。

小知識

甜椒生吃更營養，又甜又脆。

冬日時蔬
佐鷹嘴豆泥開心果醬

食材

A

- 水果胡蘿蔔⋯1根
- 紅薯⋯1/2個
- 嫩藕⋯2片
- 青蘿蔔⋯1/2個
- 桑葚⋯30g
- 葡萄柚⋯1/4個
- 紫甘藍⋯10g
- 堅果⋯20g
- 板栗⋯5個

B

- 生開心果⋯100g
- 生腰果⋯10g
- 楓糖漿⋯10mℓ
- 植物奶⋯50mℓ

C

- 鷹嘴豆⋯200g
- 蒜瓣⋯5g
- 芝麻醬⋯15g
- 檸檬汁⋯5mℓ
- 鹽⋯1g（可不放）
- 橄欖油⋯15mℓ
- 植物奶⋯100mℓ

作法

1. 水果胡蘿蔔切段。紅薯、嫩藕去皮，切圓片。青蘿蔔切圓片。板栗放入沸水中煮熟。
2. 用食材B製作開心果醬，將生開心果和生腰果用沸水浸泡半小時，與楓糖漿、植物奶一起用料理機打成醬汁。
3. 鷹嘴豆提前浸泡4小時，煮熟。將所有食材C放入料理機中打成泥。
4. 將所有食材組合裝盤即可。

小知識

1. 蔬菜可自行搭配，注意選擇生食口感較好的。
2. 時間充裕的話，可將煮熟的鷹嘴豆表皮剝除。

冬之蔬

羽衣甘藍草莓沙拉

食材

A

- 羽衣甘藍…100g
- 草莓…3顆
- 酪梨…1/2個
- 熟胡桃仁…10g
- 三色藜麥…10g
- 脫殼火麻仁…適量

B

- 酪梨油…15mℓ
- 果醋…5mℓ
- 楓糖漿…15mℓ
- 黑胡椒…適量

作法

1. 將三色藜麥洗淨後蒸熟，約15分鐘。
2. 草莓洗淨，瀝乾後切成小片。
3. 羽衣甘藍洗淨，揉搓使其變軟，掰成小片。
4. 酪梨對半切開，去核、去皮，切成片。
5. 將食材B混合，攪拌均勻，製成油醋汁。
6. 將處理好的食材擺盤，撒上熟胡桃仁和脫殼火麻仁，淋入油醋汁。

小知識

油醋汁可以多製作一些，放入密封玻璃罐，放冰箱冷藏。

冬日蔬果熱沙拉佐開心果泥

食材

A

- 生開心果…100g
- 生腰果…10g
- 楓糖漿…10mℓ
- 植物奶…50mℓ
- 橄欖油…15mℓ

B

- 黑豆…20g
- 全植乳酪（見P19）…10g

C

- 胡蘿蔔…50g
- 椰子油…15mℓ
- 鹽…1g

D

- 青皮蘿蔔…1/2個
- 羽衣甘藍…20g
- 桑葚…5顆
- 葡萄柚…1/2個
- 杏仁…4～5顆

作法

1. 用食材A製作開心果泥。生腰果和生開心果浸泡1小時，洗淨後瀝乾。與楓糖漿、植物奶和橄欖油一起放入料理機打成泥。
2. 黑豆浸泡1小時後用高壓鍋煮熟，拌入全植乳酪。
3. 胡蘿蔔切大小長短一樣的形狀，加椰子油和鹽，以150℃烤15～30分鐘，也可用平底鍋煎熟。
4. 青皮蘿蔔洗淨、切條，葡萄柚去皮、切片。將所有食材組合裝盤即可。

冬日時蔬素咖哩

食材

- 白蘿蔔…150g
- 胡蘿蔔…100g
- 白花椰菜…50g
- 紅扁豆…50g
- 香菇…3～4個
- 花生醬…10g
- 素咖哩…1塊
- 蒜…2瓣
- 薑…2片
- 植物油…15㎖
- 香菜葉…適量
- 菌菇高湯（見P17）…500㎖

作法

1. 將所有蔬菜洗淨，白蘿蔔和胡蘿蔔切塊，白花椰菜掰成小塊。
2. 紅扁豆用清水泡10分鐘，沖洗乾淨後瀝乾。
3. 深鍋中放植物油，加入薑和蒜爆香，放入胡蘿蔔、白蘿蔔、香菇炒香，加入菌菇高湯、紅扁豆煮15～20分鐘。根莖類蔬菜煮熟、紅扁豆煮爛後加入白花椰菜再煮5分鐘。
4. 放入素咖哩塊和花生醬，小火煮5分鐘，注意攪拌，以免咖哩塊黏鍋。
5. 出鍋後撒入香菜葉。

小知識

素咖哩含鹽分，可根據個人口味適量添加鹽。

胡蘿蔔紅扁豆燉菜

食材

- 紅扁豆⋯25g
- 胡蘿蔔⋯150g
- 洋蔥⋯10g
- 小馬鈴薯⋯10g
- 卡宴辣椒粉⋯1g
- 肉桂粉⋯1g
- 營養酵母粉⋯5g
- 椰漿⋯10mℓ
- 海帶高湯（見P17）⋯400mℓ
- 橄欖油⋯15mℓ
- 蔥花⋯適量
- 鹽⋯適量

作法

1. 紅扁豆放清水中浸泡10分鐘，洗淨。
2. 胡蘿蔔洗淨、去皮，切成小圓片。
3. 洋蔥切成末，小馬鈴薯去皮，切成小塊。
4. 深湯鍋中放橄欖油，放入洋蔥末爆香，加入紅扁豆、胡蘿蔔、馬鈴薯炒香，倒入海帶高湯，小火燉20分鐘左右。
5. 加入卡宴辣椒粉、肉桂粉、營養酵母粉和鹽再燉5分鐘，出鍋前淋椰漿，撒蔥花。

橙色的食物
像擁有太陽的顏色
冬日時
總是給人帶來溫暖的好心情
用橙色胡蘿蔔和紅扁豆來做燉菜
富含植物蛋白和維生素

烤胡蘿蔔佐
酪梨奶油醬汁

食材

A

- 小胡蘿蔔…6～7個
- 橄欖油…少許
- 熟松子…4g
- 南瓜子…3.5g

B

- 酪梨…1/2個
- 全植乳酪（見P19）…15g
- 植物奶…30ml

作法

1. 小胡蘿蔔洗淨，噴些橄欖油，放入烤箱，以150℃烤15～20分鐘。
2. 將食材B全部放入料理機攪勻，做成酪梨奶油醬汁。
3. 將醬汁淋在烤好的小胡蘿蔔上。撒上熟松子和南瓜子即可。

紅心蘿蔔三色藜麥碗

食材

A

- 紅心蘿蔔…1/2個
- 三色藜麥…50g
- 豆干…50g
- 腰果…20g
- 苦苣…30g
- 無花果…1個
- 鷹嘴豆…10g
- 脫殼火麻仁…3g
- 奇亞籽…少許

B

- 薑油…15mℓ
- 蘋果醋…15mℓ
- 花生醬…15g
- 鹽…1g
- 黑胡椒…1g

作法

1. 紅心蘿蔔洗淨、去皮，用削皮刀削成薄長條。
2. 鷹嘴豆浸泡4小時，三色藜麥浸泡10分鐘，上蒸鍋蒸熟，藜麥蒸15～20分鐘，鷹嘴豆約30分鐘。
3. 平底鍋加熱，把豆干和腰果烤熟，約10分鐘。
4. 苦苣洗淨，瀝乾。無花果切成小塊。
5. 將食材B全部攪拌均勻，做成生薑花生油醋汁。
6. 將食材A組合裝盤，淋上生薑花生油醋汁。

小知識

冬季的各類蘿蔔中，紅心蘿蔔是最甜的，最適合生吃入菜，熱量很低，還有不錯的飽腹感，也很適合當作開胃前菜。

初冬的早晨在野外步行
有濃霧和刺骨的冷風
返回屋內
廚房便是最溫暖的地方
紅心蘿蔔爽口沁甜
燉湯好
切薄片拌入沙拉也美味

烤松子青花筍

食材

- 青花筍…200g
- 橄欖油…15㎖
- 松子…5g

作法

1. 青花筍洗淨，瀝乾。
2. 將橄欖油均勻地刷在青花筍上。
3. 烤盤中刷油，把松子、青花筍放入烤盤，以150℃烤8～10分鐘。

比芥藍更脆嫩
比青花菜更營養
青花筍無須過多的調料
刷植物油烤一烤
就有天然好味道

時蔬什錦泡菜碗

食材

A

- 泡發黑木耳…5g
- 金針菇…10g
- 青蘿蔔…1個
- 紅皮蘿蔔…1個
- 藕…2片
- 扁豆…20g
- 胡蘿蔔…30g
- 白豆干…20g
- 黃豆芽…10g

B

- 辣白菜…20g
- 韓式辣醬…15g
- 植物油…15mℓ
- 古法醬油…10mℓ
- 鹽…1g
- 薑末…1g

作法

1. 藕去皮，可放入清水防止變色；白豆干切塊。
2. 金針菇、黃豆芽去根、洗淨，切5cm長的小段。
3. 青、紅皮蘿蔔切圓片，胡蘿蔔切片，儘量切薄點，比較容易煮熟。
4. 扁豆去頭尾，洗淨。
5. 先把韓式辣醬、植物油、古法醬油、鹽和薑末調勻，湯鍋中倒入500mℓ清水，把調勻的調味醬和辣白菜放入鍋中，煮開後把食材A全部加入湯中，煮約15分鐘。

適合年末假期小聚的料理
加入發酵到剛剛好的辣白菜
把屬於冬日的時蔬放在一起煮
辣和酸的口感
完美平衡

紅腰豆豆腐排蔬菜碗

食材

A

- 紅腰豆…50g
- 老豆腐…100g
- 鷹嘴豆粉…50g
- 孜然粉…5g
- 辣椒粉…5g
- 鹽…1g
- 橄欖油…15㎖

B

- 苦苣…20g
- 紫甘藍…10g
- 藍莓…6～8顆
- 葡萄乾…少許
- 核桃…5g
- 杏仁…少許
- 基礎油醋汁（見P18）…15㎖

作法

1. 紅腰豆放入電鍋中煮熟；老豆腐瀝乾水分，與食材A中除橄欖油外的其他食材調勻，製成大小相同的豆腐排。
2. 平底鍋燒熱後刷一層油，放入豆腐排煎至兩面焦黃。
3. 將苦苣、紫甘藍、核桃、葡萄乾、藍莓和杏仁混合，淋入基礎油醋汁，製成沙拉。
4. 將豆腐排和沙拉組合裝盤。

芋頭片佐酪梨泥

食材

A

- 鮮芋頭…100g
- 海鹽…適量
- 植物油…100ml
- 南瓜子…適量

B

- 酪梨…1/2個
- 全植乳酪（見P19）…30g
- 橄欖油…15ml
- 楓糖漿…15ml

作法

1. 鮮芋頭洗淨、去皮，切成薄片。
2. 鍋中放植物油燒熱，把芋頭片小火炸熟，放在吸油紙上吸油。
3. 酪梨去皮、去核，與橄欖油、楓糖漿、全植乳酪一起用料理棒打成泥。
4. 將酪梨泥放在芋頭片上，再放上南瓜子裝飾。

小知識

1. 處理新鮮芋頭時建議戴手套。
2. 芋頭片儘量切薄，更容易炸熟。喜歡口感更脆的，炸製時間可以延長一點。

雪天午後
泡一壺茶
用冬日芋頭做茶食
芋頭薄片
直接吃也很香脆
做些酪梨泥沾著吃
就著茶一口一片

烤冬筍豌豆
素奶油醬通心麵

食材

A

- 新鮮冬筍…200g
- 山茶油…15mℓ
- 孜然粉…5g
- 辣椒粉…5g
- 鹽…5g

B

- 新鮮豌豆…100g
- 腰果…10g
- 營養酵母粉…5g
- 鹽…1g
- 橄欖油…10mℓ
- 芥末醬…5g
- 植物奶…50mℓ

C

- 開心果…8顆
- 新鮮豌豆…10g
- 紫甘藍…少許
- 胡桃碎…少許
- 香菜…1根
- 通心麵…50g
- 菌菇高湯（見P17）…100mℓ

作法

1. 用食材A製作山茶油烤冬筍。新鮮冬筍去皮，切薄片，汆燙去除澀味後瀝乾。平底鍋刷一層山茶油，用中火將冬筍兩面烤熟。孜然粉、辣椒粉、鹽攪拌均勻，撒在冬筍上。
2. 用食材B製作豌豆素奶油醬。新鮮豌豆放清水中煮熟，瀝乾。與食材B中的其他食材一起攪打成醬。如果太乾，可再加一點清水或植物奶。
3. 將食材C中的紫甘藍洗淨後切細絲，豌豆放清水中煮熟，通心麵煮熟。
4. 平底鍋放少許油，加入胡桃碎，通心麵、豌豆素奶油醬、菌菇高湯，煮至收汁後裝盤。
5. 放入烤冬筍，紫甘藍絲，撒上開心果，用香菜裝飾。

小知識

冬筍一定要選嫩一些的，烤製前要汆燙去除澀味。切薄片更容易入味和烤熟。

友人寄來山茶油及鮮冬筍
冬筍是山野的餽贈
無論用何種烹調方式都好吃
山茶油香味獨特
用來烤冬筍
相得益彰

鷹嘴豆冬筍義大利麵
佐東方紅椒醬汁

食材

A

- 冬筍…300g
- 醋…100mℓ
- 純淨水…100mℓ
- 鹽…5g
- 椰子花蜜糖…15g
- 花椒…5g

B

- 大紅辣椒…100g
- 橄欖油…15mℓ
- 古法醬油…15mℓ
- 洋蔥…10g
- 鹽…1g
- 純淨水…100mℓ

C

- 鷹嘴豆…10g
- 全麥義大利麵…50g

作法

1. 用食材A製作冬筍泡菜。冬筍去皮，切5cm長的條狀，汆燙熟後加鹽，靜置半小時自然放涼。
2. 將冬筍裝入密封玻璃罐，要留出3/4的空間，以利於發酵。
3. 將醋、純淨水、椰子花蜜糖、花椒攪拌均勻，倒入玻璃罐中。
4. 用乾淨的布或保鮮膜將罐口封住，蓋上蓋子。冬天靜置5～7天，發酵出滿意的酸味。
5. 用食材B製作東方紅椒醬汁。大紅辣椒洗淨後切小塊，洋蔥切末。
6. 炒鍋中放橄欖油，加洋蔥末爆香，加入大紅辣椒、鹽、古法醬油，炒香炒熟後放入料理機，加水打成醬汁。
7. 鷹嘴豆用清水浸泡4～8小時，蒸或煮熟。
8. 全麥義大利麵放入沸水中煮熟。
9. 鍋裡放少許油，加入全麥義大利麵、鷹嘴豆、東方紅椒醬汁和冬筍泡菜，炒勻、收汁。

小知識

1. 冬筍泡菜放入冰箱冷藏，緩慢發酵。
2. 大紅辣椒可選擇有些辣的，不喜歡辣的可選擇甜椒。
3. 煮好的義大利麵如果暫時不食用，可以加些橄欖油拌勻，防沾黏。

南方的冬日
難得有晴朗的天氣
午間有陽光
帶著點心去見友人
一起煮茶說話
煮簡單的植物料理午餐
有食物和心靈的深度滋養
亦是美好一日

鷹嘴豆全植白醬義大利麵

食材

A

- 鷹嘴豆…20g
- 橄欖油…5mℓ
- 海鹽…少許

B

- 全麥義大利麵…50g
- 松子…少許
- 全植白醬（見P19）…50g
- 薄荷葉…2片
- 檸檬片…1片

作法

1. 鷹嘴豆浸泡後洗淨，瀝乾，與橄欖油和海鹽拌勻，放入烤箱，以150℃烤10分鐘。
2. 將全麥義大利麵煮熟。
3. 平底鍋放油，放入松子炸香，放入義大利麵和全植白醬翻炒均勻。
4. 出鍋後放入鷹嘴豆。用薄荷葉和檸檬片裝飾。

薑黃全植餅

食材

- 低筋麵粉…200g
- 甜菜糖…20g
- 香草精…2滴
- 鹽…少許
- 椰奶…250㎖
- 薑黃粉…1g
- 橄欖油…30㎖
- 羽衣甘藍…50g
- 草莓…2～3顆
- 酪梨…1/2個
- 全植乳酪（見P19）…15g

作法

1. 將低筋麵粉、甜菜糖、香草精、鹽、椰奶、薑黃粉放入玻璃碗中，攪拌成比較稀的麵糊。
2. 不沾平底鍋刷一層油，將麵糊舀入攤平煎成大小相同的圓餅。
3. 羽衣甘藍洗淨，甩乾水；草莓洗淨後切塊；酪梨去皮、去核、切塊。
4. 餅上塗抹一層全植乳酪，把羽衣甘藍、草莓、酪梨鋪在上面。

菌菇全植餃子
佐青花菜泥

食材

A

- 香菇…100g
- 洋菇…100g
- 芹菜…50g
- 鹽…1g
- 古法醬油…10mℓ
- 植物油…15mℓ
- 昆布粉…1g
- 餃子皮…20張

B

- 青花菜…100g
- 紅皮蘿蔔…1/3個
- 洋蔥…1/4個
- 小馬鈴薯…1個
- 蒜…1瓣
- 鹽…1g
- 橄欖油…10mℓ
- 蔬菜高湯（見P17）…200mℓ

作法

1. 用食材A製作菌菇餃子。香菇和洋菇洗淨，瀝乾，和芹菜一起切碎。
2. 炒鍋放少許油，將香菇和洋菇炒熟。
3. 將炒熟的菇類、芹菜、古法醬油、昆布粉、鹽攪拌均勻。
4. 用餃子皮包入餡料，包成喜歡的形狀，放入蒸鍋蒸10～15分鐘。
5. 用食材B製作青花菜泥。炒鍋裡放油，將青花菜、紅皮蘿蔔、洋蔥、馬鈴薯、蒜加鹽翻炒香，再加入高湯，用料理棒打成泥。
6. 盤子裡先放入青花菜泥，把蒸好的餃子依次擺入盤中。

小知識

餃子可以多做一些，放冰箱冷藏。對於全植物飲食踐行者來說，它是營養豐富的主食，當早餐更方便。

冬至節氣
和家人一起包餃子
是一種儀式感
構成了冬天裡最美好的回憶
食物是大自然的餽贈
應時而食
是感知自然的一種信仰

高麗菜糙米捲

食材

- 高麗菜…8片
- 胡蘿蔔…1/2根
- 糙米…50g
- 荷蘭豆…15g
- 蘋果…1/2個
- 紫甘藍…10g
- 全植沙拉醬（見P18）…15g

作法

1. 高麗菜和荷蘭豆洗淨，放入沸水中汆燙熟。
2. 胡蘿蔔和蘋果去皮，切成5cm長的條狀。
3. 紫甘藍洗淨，瀝乾，切成細絲。
4. 糙米放入電鍋煮熟。
5. 高麗菜鋪平，依次放入處理好的食材，仔細捲起來。
6. 食用時搭配全植沙拉醬。

小知識

高麗菜去除較硬的部分，每一片完整地剝下來。汆燙熟後過涼水更好。可以用廚房紙吸乾多餘水分。

高麗菜長得很好看
烹飪起來更是不複雜
煮一煮
香味濃郁
無盡的香甜
是性格豪爽的蔬菜呢

紫玉蘿蔔天貝酪梨拌飯

食材

A

- 天貝…50g
- 椰子油…15㎖
- 古法醬油…15㎖

B

- 黑豆…200g
- 古法陳年烏醋…500㎖
- 米醋…50㎖
- 椰子花蜜糖…110g

C

- 抱子芥菜…100g
- 生抽醬油…15㎖
- 素蠔油…30㎖
- 老抽醬油…15㎖
- 味醂…15㎖
- 楓糖漿…30㎖
- 清水…100㎖

D

- 酪梨…1/2個
- 紫玉蘿蔔…20g
- 苦苣…10g
- 藜麥…30g
- 糙米…50g
- 豆芽菜…10g

作法

1. 將食材A中的天貝切片，加入古法醬油醃漬15分鐘。平底鍋刷一層油，中火將天貝煎至兩面焦脆。
2. 用食材B製作醋泡黑豆。先把黑豆用清水洗淨，放入蒸鍋蒸25～30分鐘，蒸熟。
3. 把古法陳年烏醋、米醋、椰子花蜜糖用小鍋加熱，不停攪拌以免黏鍋。煮沸後繼續加熱1分鐘。關火，放涼。
4. 將蒸熟的黑豆放入平底鍋中小火炒香，炒至黑豆表皮裂開，容易捏碎的狀態。
5. 將黑豆放入玻璃罐中，倒入3.煮好的醋。放冰箱冷藏，醃漬約7天。
6. 用食材C製作烤抱子芥菜。將所有調料和清水放入小碗中調勻，放入抱子芥菜醃漬半小時。將抱子芥菜鋪排在烤盤上，放入烤箱以180℃烤10～15分鐘。
7. 用食材D製作酪梨拌飯。酪梨去皮、去核，切成薄片。
8. 紫玉蘿蔔洗淨後切成5cm長的段。苦苣用純淨水洗淨，瀝乾。
9. 糙米洗淨後浸泡4～8小時，藜麥浸泡15分鐘，將藜麥和糙米一起煮熟。
10. 將所有製作好的食材組合裝盤即可。

小知識

1. 醋泡黑豆可以多做一些，日常可搭配麵、粥等食用。
2. 酪梨是這個拌飯的「靈魂」，還可以在酪梨上淋醬油，也很美味。
3. 蔬菜可根據自己的喜好搭配。

紫玉蘿蔔含有非常豐富的花青素
好奇它的味道
一嘗，又脆又甜
真是令人驚喜
搭配在全植物餐盤中
生吃就能保證它最好的營養

炸抱子芥菜青豆飯糰全植碗

食材

A

- 毛豆…10g
- 糙米…100g
- 鹽…5g
- 壽司醋…15mℓ
- 香油…10mℓ

B

- 椰子油…15mℓ
- 香菇…1～2朵
- 有機醬油…5mℓ

C

- 抱子芥菜…200g
- 有機醬油…15mℓ
- 蒜末…5g
- 糖漿…5mℓ
- 胡椒粉…少許
- 全麥麵粉…30g
- 麵包粉…30g
- 植物油…200mℓ

D

- 胡蘿蔔…20g
- 小白菜…1棵
- 香油…10mℓ
- 鹽…少許
- 香醋…5mℓ

E

- 酪梨…1/4個
- 奇異果…1/4個

作法

1. 用食材A製作毛豆糙米飯糰。將糙米洗淨，浸泡4～8小時，煮熟。
2. 毛豆加水煮熟，放入糙米飯中，加入鹽、壽司醋、香油，攪拌均勻。捏成圓形飯糰。
3. 用食材B製作椰子油煎香菇。將香菇用有機醬油醃漬10分鐘。
4. 平底鍋刷一層椰子油，將香菇兩面煎熟。
5. 用食材C製作炸抱子芥菜。選取抱子芥菜最嫩的部分，加入有機醬油、蒜末、糖漿、胡椒粉，醃漬10分鐘。依序裹上全麥麵粉和麵包粉，下油鍋炸至焦黃。
6. 用食材D製作香油拌胡蘿蔔小白菜。胡蘿蔔切塊，和小白菜一起汆燙熟。將香油、鹽、香醋在小碗中混合均勻後，加入胡蘿蔔、小白菜拌混，使其沾附上醬汁。
7. 酪梨、奇異果切小塊。將所有食材組合裝盤即可。

小知識

碗中組合的蔬菜水果可根據喜好自行搭配。

冬日的抱子芥菜
長得有趣又奇特
口感清香，微苦脆嫩
清炒、煮湯、烘烤皆可
無須太多調料
亦有原汁原味的鮮嫩美味

冬日植物奶

薑黃奶

食材

- 生腰果…20g
- 杏仁…10g
- 椰棗…2顆
- 薑黃粉…少許
- 純淨水…250㎖

作法

1. 生腰果和杏仁用熱水浸泡15～20分鐘，洗淨，瀝乾。
2. 將泡好的腰果、杏仁、椰棗和水放入破壁調理機製作成植物奶，用紗布或濾網過濾，撒上薑黃粉。

小知識

1. 可以增減用水量，調整口味濃淡。
2. 如需加糖一定不要放精製糖，用天然糖替代。
3. 過濾的渣不要丟掉，可以用來做餅。
4. 一次可以多做一些，用密封玻璃罐存儲。

南方冬天天氣潮濕陰冷
從屋外進來
喝上一杯溫暖的植物奶
全身暖透

肉桂火麻仁燕麥奶

食材

- 脫殼火麻仁…10g
- 燕麥…20g
- 熱水…250mℓ
- 椰棗…2顆
- 肉桂粉…適量

作法

1. 將除了肉桂粉外的所有食材放入破壁調理機，攪打均勻。
2. 撒上少許肉桂粉即可。

腰果南瓜子奶

食材

- 生腰果…20g
- 生南瓜子…10g
- 椰棗…2顆
- 純淨水…250mℓ

作法

1. 生腰果用熱水浸泡15～20分鐘，洗淨後瀝乾。
2. 將腰果、南瓜子、椰棗和水放入破壁調理機，攪打成腰果南瓜子奶，用紗布或濾網過濾。

國家圖書館出版品預行編目資料

Vegan無肉新食尚！全植物蔬食料理100道／
恩權著. -- 初版. -- 臺北市：臺灣東販股份
有限公司, 2023.10
192面；17×23公分
ISBN 978-626-379-025-4（平裝）

1.CST：蔬菜食譜

427.3　　112014446

Vegan無肉新食尚！

全植物蔬食料理100道

2023年10月 1 日初版第一刷發行
2024年 5 月15日初版第二刷發行

著　　者　恩權
主　　編　陳其衍
美術編輯　黃郁琇
發 行 人　若森稔雄
發 行 所　台灣東販股份有限公司
　　　　　<地址>台北市南京東路4段130號2F-1
　　　　　<電話>(02)2577-8878
　　　　　<傳真>(02)2577-8896
　　　　　<網址>http://www.tohan.com.tw
郵撥帳號　1405049-4
法律顧問　蕭雄淋律師
總 經 銷　聯合發行股份有限公司
　　　　　<電話>(02)2917-8022